LANDSCAPE RECORD
景观实录

社长/PRESIDENT	宋纯智 scz@land-rec.com	
主编/EDITOR IN CHIEF	吴 磊 stone.wu@archina.com	
编辑部主任/EDITORIAL DIRECTOR	宋丹丹 sophia@land-rec.com 李 红 mandy@land-rec.com	
编辑/EDITORS	殷文文 lola@land-rec.com 张 靖 jutta@land-rec.com 张昊雪 jessica@land-rec.com	
网络编辑/WEB EDITOR	钟 澄 charley@land-rec.com	
美术编辑/DESIGN AND PRODUCTION	何 萍 pauline@land-rec.com	
技术插图/CONTRIBUTING ILLUSTRATOR	李 莹 laurence@land-rec.com	
特约编辑/CONTRIBUTING EDITORS	邹 喆 高 巍 李 娟	
编辑顾问团/ADVISORY COMMITTEE	Patrick Blanc, Thomas Balsley, Ive Haugeland Nick Wilson, Lars Schwartz Hansen, Juli Capella, Elger Blitz, Mário Fernandes 王向荣 庞 伟 孙 虎 何小强 黄剑锋	
运营中心/MARKETING DEPARTMENT	上海建盟文化传播有限公司 上海市飞虹路568弄17号	
运营主管/MARKETING DIRECTOR	刘梦丽 shirley.liu@ela.cn (86 21) 5596-8582 fax: (86 21) 5596-7178	
对外联络/BUSINESS DEVELOPMENT	刘佳琪 crystal.liu@ela.cn (86 21) 5596-7278 fax: (86 21) 5596-7178	
运营编辑/MARKETING EDITOR	李雪松 joanna.li@ela.cn	
发行/DISTRIBUTION	袁洪章 yuanhongzhang@mail.lnpgc.com.cn (86 24) 2328-0366 fax: (86 24) 2328-0366	
读者服务/READER SERVICE	蔡婷婷 tina@land-rec.com (86 24) 2328-0272 fax: (86 24) 2328 0367	

图书在版编目（CIP）数据

景观实录：景观植物配置设计 / (荷) 范弗利特编; 李婵译.
-- 沈阳：辽宁科学技术出版社, 2015.6
ISBN 978-7-5381-9254-4

I. ①景… II. ①范… ②李… III. ①园林植物-景观设计
IV. ①TU986.2

中国版本图书馆CIP数据核字（2015）第112175号

景观实录Vol.3/2015.06

辽宁科学技术出版社出版/发行（沈阳市和平区十一纬路29号）
各地新华书店、建筑书店经销

开本：880×1230毫米 1/16 印张：8 字数：100千字
2015年6月第1版 2015年6月第1次印刷
定价：**48.00元**
ISBN 978-7-5381-9254-4
版权所有 翻印必究

辽宁科学技术出版社 www.lnkj.com.cn
《景观实录》 http://www.land-rec.com

Please Follow Us

《景观实录》官方网站
http://www.land-rec.com

《景观实录》官方新浪微博
http://weibo.com/LnkjLandscapeRecord

《景观实录》官方腾讯微博
http://t.qq.com/landscape-record

《景观实录》官方微信公众平台 微信号：
landscape-record

媒体支持：

LANDSCAPE RECORD

100

Vol. 3/2015.06

封面: 多普斯维德公园, 路兹&范弗利特设计工作室, 图片由路兹&范弗利特设计工作室提供

本页: 青岛小镇南入口迎客公园, LD景观设计公司, 孙建伟摄

对页左图: 玛希隆大学校园景观, 轴心景观事务所, 图片由轴心景观事务所提供

对页右图: 菲普斯可持续景观中心, Andropogon景观设计公司, Andropogon景观设计公司摄

2015年世界绿色基础设施大会将于名古屋举行

2015年世界绿色基础设施大会（World Green Infrastructure Congress，简称WGIC）将于今年10月14日至16日在日本本州岛中南岸的名古屋举行。本届大会由名古屋WGIC筹备委员会主办，合作单位有非营利组织"屋顶开发研究协会"（Roof Development Research Association）和"世界绿色基础设施网"（World Green Infrastructure Network），后者的成员国包括22个国家，日本是其中之一。

世界绿色基础设施大会是聚焦城市绿色基础设施建设的年度国际盛会，通过推广可持续绿色设计的应用（包括：绿色屋顶、绿墙、城市林地、景观重建、湿地修复和水敏性城市设计等），带来社会、环境和经济等方面的效益。

前几届的世界绿色基础设施大会已在全球各地成功举办，包括：加拿大（2008年）、墨西哥（2010年）、印度（2011年）、中国（2012年）、法国（2013年）和澳大利亚（2014年）。各届盛会无不吸引了来自世界各地的专业人士，共同探讨如何应用绿色屋顶、绿墙和城市景观作为一种可持续的城市发展策略，为环境和社会带来深远的益处。

本届大会将于日本名古屋举行，为期三天，来自日本国内和国际的诸位专家将发表演讲，分享他们新的研究、案例分析、成功的实践经验以及这个不断扩展的新领域内的最新技术成果。日本一年一度的国家绿色博览会也将同期在名古屋举办。届时，来自世界各地的与会者将有机会在大会的研究考察活动中参观日本最先进的绿色技术。

本届大会的议题主要有：
·城市及街区范围内的水循环与雨水处理
·城区绿化的经济价值与评估方法
·自然能源
·身心健康
·技术（施工方法、防水、喷水、材料等）
·植物的生长特点
·绿色屋顶与绿墙的植栽设计
·热环境与"城市热岛效应"的缓和
·生态系统与生物多样性
·绿色设施管理

Vegetation makes it possible!

WGIN Congress Nagoya 2015

October 14-16, 2015

第52届国际宜居城市大会即将拉开帷幕

由"国际宜居城市委员会"主办的第52届国际宜居城市大会（International Making Cities Livable Conference）将于2015年6月29日至7月3日在英国西部港口城市布里斯托尔举行。本届大会的主题是"创建绿色健康城市"，届时，众多创意策略、工具和设计方案将在大会上呈现。

到2050年，世界上70%的人口将居住在城市中。人类历史上规模最大的人口迁移正在进行，从农村迁移到城市。所以，城市必须提出应对的策略，让环境更适应、更健康、更可持续。

本届大会将探讨如何让建筑环境和自然环境的设计和管理更合理，有助于社会、环境和人的健康，并促进生态、社会和经济的可持续发展。这些目标不能只通过一个领域里的专家来实现，而是需要各个领域共同努力，包括规划、公共健康、城市设计、建筑、景观、交通规划、社会科学等各个学科，共同总结英国、欧洲、北美以及世界各地的优秀项目。

通过大会的研究考察活动，与会者还能参观布里斯托尔市的建设成果以及目前正在开发的项目，学习如何通过自然环境与建筑环境的重新塑造来改善环境健康与可持续性。

美国剑桥肯德尔广场公共空间衔接设计竞赛结果揭晓

美国马萨诸塞州剑桥市近日宣布，马萨诸塞州萨默维尔市的RBA景观事务所（Richard Burck Associates）在肯德尔广场公共空间衔接规划竞赛（Connect Kendall Square Open Space Planning Competition）中胜出。

竞赛规划用地的位置非常特殊，周围有历史悠久的工薪阶层居民区、查尔斯河（Charles River）、麻省理工学院（MIT）校园以及附近的工业开发遗迹。

肯德尔广场公共空间衔接开发项目于2014年7月启动，其规划过程与传统方式大相径庭，竞赛的模式也十分特别。竞赛旨在寻找更好的创意理念，将广场公共空间与周围街区更好地衔接，同时树立起广场独特的环境形象。获胜方案规划了公园设计的蓝图，包括公共空间和私密空间的环境特色与功能，对当地基础设施的建设、政策方针的制定以及未来发展的规划也有所涉及。

RBA景观事务所的规划方案深深根植于当地丰富的自然环境与人文历史。规划理念是首先"创造"出肯德尔广场，然后再将其与周围环境进行衔接。

这一出色的创新理念让广场与周围空间形成一张紧密连接的网，功能空间和景观环境全部囊括其中。规划图上呈现出树枝状的布局，直观地表现出核心设计理念，同时也具备充分的灵活性，能满足未来使用功能、交通动线和环境发展变化的需求。方案的总体规划设计在广场与河流之间建立了紧密的衔接。沃尔普人造湿地（Volpe）、扩建的大运河以及查尔斯河之间建立了中央连接，将让整片规划用地彻底改变面貌，这也是让这一设计案脱颖而出的关键。

2015年国际绿墙大会聚焦"生态系统服务"

格林威治大学绿色屋顶与绿墙中心（University of Greenwich Green Roofs and Living Walls Centre）主办的国际绿墙大会（International Living Walls Conference）将于2015年7月6日至8日在英国格林威治召开。今年大会的主题是"生态系统服务"（Ecosystem Services）。

本届大会邀请了国际专家、相关行业从业人士、建筑环境专家以及学生和普通大众共同参与，合力探讨如何让绿墙的生态系统服务最大化。大会的议题包括：建筑热性能的改善、"城市热岛效应"的缓和、城市食品生产的新机遇以及健康问题等。

会上将有专家演讲、论文宣读、海报展示以及聚焦实践的研讨会等活动，绿墙设计师、生产商以及施工方可以回答提问，交流经验。此外，大会还安排了伦敦绿墙徒步考察活动，大会会场还设置了绿墙展览。

大会上还将展示欧洲最大的多功能屋顶花园，由14个独立的绿色屋顶空间、一系列绿墙以及用于研究与教育的"养耕共生"单元构成。

新加坡征集"铁路景观走廊"规划案

新加坡市区重建局（Urban Redevelopment Authority of Singapore）近期发出了"铁路景观走廊"（Rail Corridor）项目规划征集令，邀请各方设计专家为这一大型开发项目贡献总体规划理念和概念设计方案。

"铁路景观走廊"全长24千米，从新加坡北部绵延到南部，中间穿过各种类型的景观环境，把密集的公共住宅区、私密的高档住宅区、商务公园、工业区、自然保护区以及即将开发的公园和土地全都衔接起来。

自从这片土地回收，公众就对未来"铁路景观走廊"的开发表现了广泛关注。在过去的几年中，新加坡市区重建局通过各种平台，广泛征集了群众的意见和反馈，收到的反馈和建议经过甄选，在项目规划与设计目标的制定中得到体现，最终呈现在给设计师的方案征集任务书中。

在过去的三年半时间里，市区重建局通过多种平台，广泛联系了社区各方代表，征集各方对于"铁路景观走廊"项目的开发愿景。社区反馈的信息经过开会讨论，一系列规划与设计目标逐渐成形，也就是呈现给设计师的任务书中的要求，引导着各支团队对景观走廊的规划设计。市区重建局首席执行官黄南（Ng Lang）先生表示："这片铁路用地的回收给我们带来一次独特

的机遇，去塑造一条'景观走廊'，包括与附近社区相连的区域。这条'景观走廊'可能会成为横穿新加坡岛的一条'绿色动脉'，其中还囊括无数的社区空间，为各行各业的新加坡人带来无与伦比的环境体验。我们对当地居民做了大量调研工作，他们的意见现在正在指引着设计方案的开发。我们的意图是让社区居民持续参与到这个项目的各个开发阶段中，而不是盲目追求一蹴而就，一次就全部开发完成。"

市区重建局目前正在面向广大设计业人士征集"铁路景观走廊"的总体规划理念和概念设计方案。规划案中要有自然景观与绿地，要突出当地历史文脉，注重景观走廊各个部分的关联性，打造一体式的景观体验。同时，设计还应注意融入周围环境，让更多的居民能够享受这里的舒适环境。"绿色走廊"的景观体验也是重点要求之一，呼应开发项目的名称。此外，规划案必须具备充分的灵活性，能够适应未来社区需求的发展。

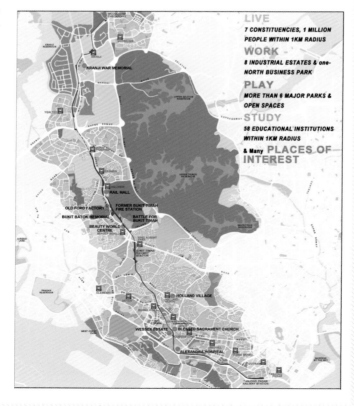

菲尔德景观事务所将设计迈阿密地下景观带

美国迈阿密-达特蓝地铁线（Miami-Dade Transit）与迈阿密-达特蓝公园、娱乐与公共空间管理部（Miami-Dade Parks, Recreation and Open Spaces Departments）共同宣布，纽约菲尔德景观事务所（James Corner Field Operations）在一众设计公司中屏雀中选，将负责迈阿密地下景观带的规划。

迈阿密地下景观带预计将建成一条16千米长的"景观走廊"，沿迈阿密-达特蓝地铁线建设，起点是迈阿密河（Miami River），终点是达特蓝南站（Dadeland South Station）。这座地下带状公园将让数十万迈阿密-达特蓝居民与游客的出行更加便捷，骑自行车也更加安全，倡导更健康的生活方式，为健身锻炼提供更方便的地点，让公共交通、私人车辆、自行车和行人都能共享一条"景观走廊"。16千米的空间为各种艺术表现形式提供了呈现的舞台，促进了地铁沿线的进一步开发，并能带来巨大的经济影响。设计团队还将为其中两个示范项目做更详细的设计，一个位于布里克尔区（Brickell），另一个地点待定。

这个开发项目共征集了19个设计方案，最终入围的有5个，除了菲尔德景观事务所的设计案之外，其他分别来自：纽约的巴尔莫利景观事务所（Balmori Associates）、布鲁克林区的蒂蓝德景观事务所（Dlandstudio）、亚特兰大的帕金斯威尔建筑事务所（Perkins + Will）和波士顿的斯托斯景观事务所（Stoss）。菲尔德景观事务所曾被美国《时代》周刊评为最具影响力的设计公司之一，经手过众多知名项目，如纽约高线公园（High Line）、圣塔莫尼卡的通瓦公园（Tongva Park）、西雅图的中央滨水区（Central Waterfront）以及伦敦伊丽莎白女王奥林匹克公园（Queen Elizabeth Olympic Park）南部。

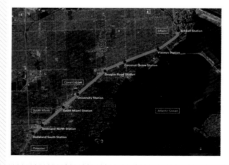

槃达工作室打造襄阳"声波"景观雕塑

槃达工作室（Penda）在湖北襄阳的景观雕塑近日完工。雕塑由500片色彩鲜艳、高度各异的狭长穿孔片材组成，位于亚洲最大的紫薇园的入口处。设计将音乐、韵律和舞蹈融入周边景观，作为打造雕塑"声波"造型的主要参数。

紫薇花四种深浅不一的紫色，构成了项目的色彩方案。游客进入雕塑区后，会产生树干环绕、林中漫步的错觉，并有片刻的迷失方向，但同时又能透过片材间的空隙向前一探究竟。这些空隙的空间形态变幻不定，有狭长的步道，也有视野开阔的空地，给人一种林中漫步的感觉，这样，不论白天还是夜晚，游客和广场舞人群都会为雕塑注入更多的活力。

营造雕塑韵律的片材采用穿孔紫色不锈钢板包覆。钢板经电解钝化（阳极氧化）处理后，在电解液和电流中浸泡着色，保留不锈钢主要特征的同时，确保其耐腐蚀性。白天，不锈钢板的亚光表面可反映周边环境，并随太阳的移动而不断变幻，打造多变的外观。紫色金属具有闪烁的表面，而片材则分

设在四个不同的水池。水面的倒影进一步丰富了光线的变化。到了夜间，设在片材内的照明设备则根据广场活动人群的移动频率，为雕塑打造出生动多变的造型。

景观的能源转型——欧洲能源景观大会开始筹备

莱布尼兹生态城市与区域发展协会（Leibniz Institute of Ecological Urban and Regional Development）主办的欧洲景观研究组能源景观大会（European Conference of the Landscape Research Group: Energy Landscapes）将于2015年9月16日至18日在德国东部城市德累斯顿举行。本届大会的主题词是"认知"、"规划"、"参与"、"权力"。

随着各种可再生资源的增长以及对矿物资源

（如褐煤和页岩气等）的持续开采，欧洲景观正在呈现出全新的面貌。在新兴的"生态景观"领域中，关于这种景观的评估、设计与管理，这些能源都是讨论的关键议题。欧洲以及各国针对能源转型的政策对传统景观设计理念与规划方式提出了挑战。

本届大会将围绕四个关键词，讨论以下议题：

·认知（Perception）：景观的特点、社会建构以及我们对它的认知与评价如何受到现在与过去的能

源使用方式的影响？

·规划（Planning）：与景观相关的规划与管理存在哪些类型？它们与景观规划、空间规划以及能源政策有何关系？

·参与（Participation）：在当前能源转型的背景下，景观政策的公众参与度达到何种程度？其中涉及哪些因素？什么人起到主导作用？

·权力（Power）：哪些权力关系决定着能源与景观的关系？如何让权力的运作更加理想化并接受批判和检验？

景观研究组（LRG）是一个非营利组织，成立于1967年，旨在推进景观行业的研究与发展，为公众谋求福利。景观研究组关注景观领域的方方面面，不论是自然景观、人文景观还是建筑环境，促进了各种景观类型的完善与发展。

European Conference of the Landscape Research Group

Energy Landscapes
Perception, Planning, Participation and Power

可持续的人造森林
——考艾植物园小区

景观设计：TROP 景观事务所
主设计师：波克·高贡桑蒂（Pok Kobkongsanti）
项目地点：泰国，呵叻府，考艾
竣工时间：2014 年
委托客户：辛尼科房产开发公司（Scenical Development Company Limited）
面积：16,000 平方米
摄影：皮雅克·阿努拉卡瓦干（Pirak Anurakyawachon）、阿兰亚拉·普拉托姆拉（Aranyarat Prathomrat）

项目概述

　　"考艾植物园"（Botanica Khao Yai）是一个住宅区开发项目，用地邻近考艾山脉，那里是泰国面积最大的雨林。本案的景观设计灵感就来源于此，旨在让建筑与自然无缝衔接。TROP景观事务所（T.R.O.P: terrains+open space）没有试图去假冒天然森林，而是转换视角，将建筑视为巨树，而景观则代表树下的绿地。设计师充分利用不同的光照效果，营造出一片可持续的人造森林，让周围居民真正去理解并欣赏大自然。

MASTER PLAN

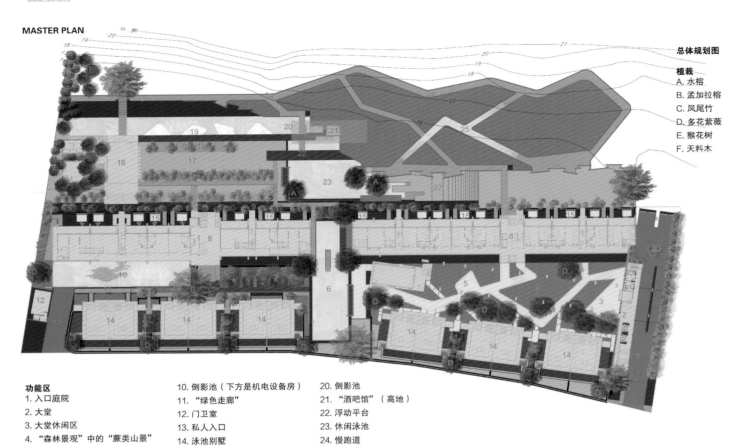

总体规划图

植栽
A. 水榕
B. 孟加拉榕
C. 凤尾竹
D. 多花紫薇
E. 猴花树
F. 天料木

功能区
1. 入口庭院
2. 大堂
3. 大堂休闲区
4. "森林景观"中的"蕨类山景"
5. 小径
6. 泳池（下方是健身房）
7. 植树平台
8. 住宅单元（一楼设停车场）
9. 步道

10. 倒影池（下方是机电设备房）
11. "绿色走廊"
12. 门卫室
13. 私人入口
14. 泳池别墅
15. 私人极可意水流按摩池
16. "餐饮馆"
17. 竹林
18. 户外用餐平台
19. 下沉座椅

20. 倒影池
21. "酒吧馆"（高地）
22. 浮动平台
23. 休闲泳池
24. 慢跑道
25. 慢跑高架桥
26. 挡土墙
27. 一体式景观

1、2. "蕨类山景"中布置了小径
3. 餐厅掩映在绿色植物中
4 漫步在绿色步道

"森林景观"示意图

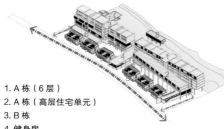

1. A栋（6层）
2. A栋（高层住宅单元）
3. B栋
4. 健身房
5. 泳池别墅
6. 机电设备房
7. "餐饮馆"
8. "酒吧馆"（高地）

1. 5楼和6楼的浮动住宅单元
2. 下方巨大的中空空间

1. "蕨类山景"
2. 植树平台

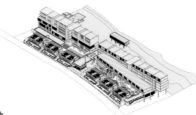

1. 泳池
2. 倒影池

公园景观示意图

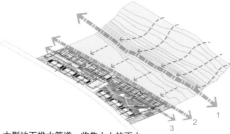

1. 大型地下排水管道，收集山上的雨水
2. 二级地下排水管道，收集地表雨水径流
3. 防洪排水沟

1. 厨房
2. "餐饮馆"
3. 绿色山丘
4. 室外进餐平台
5. 倒影池
6. 竹林路

1. 慢跑道
2. 草地
3. 慢跑高架桥
4. 挡土墙

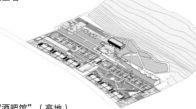

1. "酒吧馆"（高地）
2. 浮动平台
3. 休闲泳池
4. 一体式景观

设计详述

考艾植物园小区位于考艾市的边缘地带，这里是泰国最重要的国家自然森林保护区。项目用地是一片废弃的农田。前方是条公路，后方是一座正好挨着边界线的小山。用地分为两块，前方这块毗邻公路，是住宅区。后方临山的那块规划成公园，供居民和游人休闲娱乐。

为了将所有的住户安置在有限的面积内，住宅区将一系列住宅楼布置在"景观台地"上。其中两栋6层高的住宅楼（A栋和B栋）沿两个地块的交界线布局。B栋是一座简单的6层住宅楼，而A栋较为复杂一些，呈现出"V"形的布局，一部分是6个楼层，都设计为住宅单元，面向后方的小山，另一部分设置在前方地块的中央，架离地面4层，只顶部两层是住宅单元，朝向用地前方。架高的部分采用巨型混凝土柱来支撑，下方的中空空间形成一片开阔的场地。此外，沿公路建了12座2层别墅，有私人花园和泳池。

虽然这些住宅建筑呈现出现代几何的设计感，景观设计师仍以独特的视角发现了建筑与考艾环境氛围之间的相似点。因为每栋建筑高度不同，有些住宅单元用长柱架离地面，所以形成不同的光照效果。自然采光成为本案中打造"森林景观"的主要考量因素。住宅单元"飘浮"在长柱上方，仿佛森林中的巨树。每根柱子的体型跟树干差不多，而上面的单元则相当于树冠。而下方的空间也跟我们在树下看到的环境差不多，尽管没有阳光，但大自然无孔不入，在这样的环境中依然能让植物生长。设计师模仿了这种自然环境，在阴凉区营造出多样化的地势和绿化空间，通过种植当地森林中的原生蕨类植物，营造出一片"蕨类山景"。

住宅区的主要行人交通动线是一系列的小径，略微高出"蕨类山景"一点，遍布整个景观环境，居民可以在自然环境中自由选择通往自己家的道路。这些小径已经不只是交通动线的功能了，小径本身就是休闲空间，居民可以在这里运动或者散步，感受与大自然的亲密接触。小径也与许多公共空间相连，比如大堂、俱乐部、电梯间和走廊等，这些地方都设计成露天空间，不用空调，而是用大型树木营造舒适阴凉的环境。自然采光是整个项目关注的重点。设计师利用当地材料，实现了建筑与景观的完美交融。这些材料都是当地常见的，比如山石，就是在地下层的施工中在用地上发现的。

第二个地块规划成公园，为所有居民和游人提供了休闲娱乐的所在。在毗邻山脉的一侧，沿用地边缘设置了三个层次的排水系统，能够预防洪水和滑坡。收集过多的雨水，用于旱季灌溉。园区内设置了多种功能区，比如"餐饮馆"，掩映在竹林中，位于用地边缘。山脚下，绿色的小山丘与倒影池相得益彰，人造景观与自然景观相映成趣。山景倒映在池中，二者合而为一。此外，还有两个游泳池。第一个设置在健身房和休息室的上方，水面巧妙地隐藏了下方大体量的建筑结构，使其完全消失不见。第二个泳池设在公园中央。水面上也倒映出周围的景色，包括山景和建筑，融为一体，形成整体的景观环境。健康问题是这片住宅区景观设计的重点之一。公园右侧设置了一条"慢跑道"。为了尽量延长跑道的长度，增加了一条高架小桥，让跑步者可以有更多的路线选择。小桥的造型与周围山脉形成的天际线交相呼应。

总的来说，设计团队成功地在现代住宅环境中保留了热带自然环境的精髓和氛围。通过巧妙的布局，居民能够欣赏考艾优美的景色。本案证明，现代风格的设计未必与自然环境相悖。设计理念是打造亲切的都市森林景观，缓和人造建筑结构的突兀，由此将建筑与周围的自然环境融为一体。

1. 泳池，下方是健身中心
2. 倒影池
3. 畅游在大自然中
4. 慢跑桥
5. 踏步设计别具一格
6. 在自然中奔跑

布里斯托港口景观

景观设计：格兰特景观事务所
项目地点：英国，布里斯托
竣工时间：2015 年
委托客户：克莱斯特·尼克尔森住建公司（Crest Nicholson）
面积：6.6 公顷
摄影：格兰特景观事务所

　　"我们很骄傲能在布里斯托这个重要的开发项目中，从总体规划到施工建设，全程参与其中。我们很高兴看到竣工后的港口环境为'布鲁内尔环路'（Brunel Mile）贡献了令人难忘的景观体验。"——格兰特景观事务所董事安德鲁·格兰特（Andrew Grant）

　　"布里斯托港口景观将这座城市再次与其历史悠久的滨水区紧密相连。我们致力于打造一个优秀的可持续设计范例，以一种充满创造力和想象力的方式实现可持续城市排水和雨水径流衰减，改善当地物种多样性和生态丰富性。"——格兰特景观事务所高级经理安德鲁·海恩斯（Andrew Haines）

布里斯托港口景观（Bristol Harbourside）是一个多功能开发项目，位于布里斯托浮动港口边，耗资 1.2 亿英镑，为布里斯托历史悠久的滨水区的中心地带注入了新的活力。可持续景观设计在整个工程中起到关键作用。

英国格兰特景观事务所（Grant Associates）与负责总体规划的卡利南工作室（Cullinan Studio）开展了紧密合作。这是一片占地 6.6 公顷的废弃棕地，从前是码头和天然气厂，经过彻底的改造，变成了生机勃勃的城区环境，街道景观、滨水步道、开放式公共空间和可持续城市排水系统一应俱全。

格兰特景观事务所打造的公共空间景观设计采用了先进的可持续设计理念，充分利用了用地滨水的地理位置。本案的设计特色包括：

丰富的空间体验：休闲区、步道与广场

设计师规划了一系列休闲区和步道，让浮动港口的公共空间更显宽敞，其中包括新建的广场和绿树成荫的街道，新建的进港处还设置了系船设备。滨水区视野非常开阔，道路也更加畅通，尤其是毗邻教堂和"港口大道"一侧（从前人们很难接近"港口大道"），让项目用地与城区环境有了更好的视觉衔接，让滨水区重焕生机。

可持续城市排水系统

可持续城市排水系统让附近建筑屋顶上的雨水通过一系列的集水池、沟渠和小溪传送到港口上，整个传送过程清晰可见，再将雨水用于路边植被的灌溉。港口边缘的浮动芦苇河床能够在雨水和地表水流入港口之前起到过滤的作用。浮动芦苇河床还营造了珍贵的动物栖息地，美化了滨水环境。其他的栖息地还包括面向中央广场的大面积绿墙。

"布鲁内尔环路"步道

"布鲁内尔环路"是布里斯托市内一条

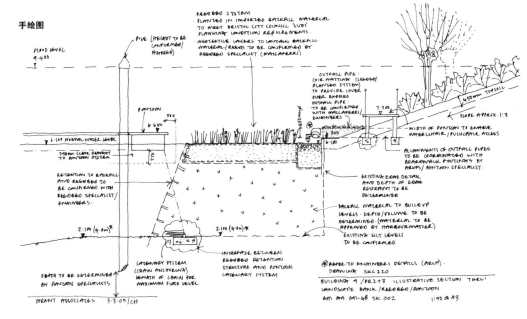

手绘图

重要的公共步道，起点是米兹神殿火车站（Temple Meads Station），终点是大不列颠号蒸汽船（SS Great Britain），目前已经完全竣工。新建的"新千年步道"（Millennium Promenade）是其中最后一段，直接通向滨水区，为港口的环境重新注入活力，为布鲁内尔历史悠久的蒸汽船营造了宜人的背景环境。

公共艺术设计

本案包括全套的公共艺术设计，由多位国际知名的艺术家操刀，包括蒂姆·诺尔斯（Tim Knowles）、理查德·博克斯（Richard Box）、贾尼斯·坎巴拉（Janice Kerbal）和达芙妮·莱特（Daphne Wright）等，将单个的艺术品融入到整体景观环境中。

这项浩大的改造工程历时15年才告竣工，正值2015年布里斯托凭借在可持续性、创造性、文化与创新方面的杰出表现获得"欧洲绿色之都"的荣誉称号。

1. 漂浮的芦苇河床
2. 植栽近景

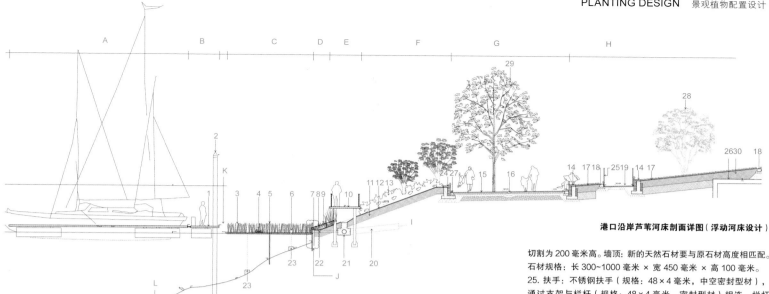

港口沿岸芦苇河床剖面详图（浮动河床设计）

1. 浮桥：详见浮桥设计专家详图（包括浮桥步道和指状浮桥系统及其所有辅助设施）。

2. 浮桥桩：详见浮桥设计专家详图（施工方需确保浮桥桩高度高于最大洪水水位）。

3. 芦苇河床：浮动芦苇筏，每块筏板规格为1.4×3.9米，熔接，采用螺栓连接套管（直径150毫米），形成浮动筏。管架顶部与底部安装网布，内部填充椰子壳纤维（现场填充）。河床全长约106米，分为27个区块，共有108个芦苇筏（面积共计594平方米）。各个芦苇筏彼此相连。4个芦苇筏构成一个区块，安装6个脚手杆及滑动装置。芦苇种植密度约为每平方米4株（每块筏板22株）。

4. 未来野生动植物生存情况：施工方需确保5个筑巢平台和5个野鸭栖息岛屿能为野禽带来更多繁衍栖息的空间。所有装置允许固定在浮动芦苇河床上。

5. 脚手架：每个区块（4个芦苇筏）安装6个脚手杆（详见上文第三条）。

6. 配水管：穿孔塑料管（非PVC材料），直径100毫米，用于9号楼表面雨水径流的排放。

7. 港口边缘：原港口边缘。施工方需确保河岸边缘坚固，可以建设芦苇床、步道、排水系统并能承受为种植所做的适当改造。施工方需先做调研工作，以确定原河岸的情况。

8. 安全链：芦苇河床与步道之间在某些地点设置安全悬链（每个区块，详见上文第三条）。安全链的作用是防止芦苇河床在洪峰期间漂走。

9. 边缘种植：详见植栽设计图。

10. 木板道：详见浮桥专家木板道设计详图（包括照明和扶手）。详见木板道总体布置图。木板道扶手间的宽度不小于1.8米。

11. 表层土：450毫米改良表层土，下方是不少于300毫米厚度的底层土（后铺或原有）。

12. 冲蚀防护：施工方需确保可生物降解的覆土层能保护土壤。覆土层每间隔一段距离钉住，以便确保土壤在填充椰子壳纤维的过程中不受干扰。填充过程操作如下：在垫子上切割凹槽，过后再复原。注：施工方需与侵蚀控制专家和岩土工程师合作，确保土壤能逐渐稳固，避免出现任何土壤滑塌情况。

13. 河岸种植：植物包括去梢的柳树、本地原生的小灌木林以及地表的草本植物。

14. 墙：挡土墙建在景观区路堤或台阶边，混凝土现场浇筑，厚200毫米，一面采用回收利用的天然碎石，切割为200毫米高。墙顶：新的天然石材要与原石材高度相匹配。石材规格：长300~1000毫米×宽450毫米×高100毫米。注：表面材料的变形接缝采用锯切彩色胶泥密封剂，包括墙面、墙顶和墙脚。

15. 港口步道：表面处理采用15毫米厚的树脂集料。颜色：浅黄。集料规格：直径6~10毫米。下方是60毫米厚的沥青碎石黏合层、75毫米厚的沥青碎石承重层、150毫米厚的I型颗粒材料基层以及300毫米厚的6F1或6F2型封顶层。

16. I型路缘：裸露的混凝土集料路缘。颜色：银灰（与环境设计的基本色调相符）。规格：250×100×915毫米。路缘石铺设时找平。

17. 草本植物与鳞茎植物种植：详见植栽设计图。

18. II型路缘：裸露的混凝土集料路缘。颜色：银灰（与环境设计的基本色调相符）。规格：255×205×915毫米。路缘石直立，下方是10~15毫米厚的环氧砂浆层。

19. 行人坡道：表面处理采用15毫米厚的树脂集料。颜色：浅黄。集料规格：直径6~10毫米。下方是50毫米厚的沥青碎石黏合层和150毫米厚的I型颗粒材料基层。

20. 水管：直径450毫米，将9号楼的表面雨水径流向下引到浮动港口。

21. 木板道下方中空：木板道上设置检查盖，在下方的中空空间内沿原港口边缘设置边缘管道（直径300毫米），用于给芦苇河床的配水管供水。

22. 连接管：直径150毫米，置于土壤层下，将边缘管道连接到芦苇河床的配水管。

23. 安全链：固定的安全悬链，安装在每个区块上，将其固定在木板道上。

24. 1a型墙（B9）：低矮挡土墙，高450毫米，紧邻景观区路堤。混凝土现场浇筑，厚200毫米，一面采用回收利用的天然碎石，切割为200毫米高。墙顶：新的天然石材要与原石材高度相匹配。石材规格：长300~1000毫米×宽450毫米×高100毫米。

25. 扶手：不锈钢扶手（规格：48×4毫米，中空密封型材），通过支架与栏杆（规格：48×4毫米，密封型材）相连。栏杆间距不大于1200毫米。安装在矮墙顶部，毗邻台阶和坡道（1a型墙与1b型墙）。扶手顶端平行于墙顶，距离地面1100毫米（除非另有说明）。还安装在浮桥边缘，毗邻垂钓台（PR2与PR3）。注：扶手栏杆与墙顶石材要做协调处理，尽量不切割石材。

26. +SSL 10.600

27. 排水：线形排水管安装于墙基。

28. 树木种植：洋玉兰（多茎树木，5株，移栽，团根，高550~600厘米，主茎高1.5米）。树坑规格：1750×1750×1100毫米深。土壤回填：预混合土壤。

29. 树木种植：法国梧桐或北方粉红桥（大型树木，半成熟，围长40~45厘米，5株，团根，栽种于港口步道的硬质景观上）。树坑规格：2000×2000×1500毫米深。

30. 表层土：450毫米改良表层土，覆于结构板台阶上。

A. 指状浮桥
B. 系列浮桥
C. 浮动芦苇河床
D. 边缘植栽
E. 木板道
F. 浮动港口沿岸（种植树木与灌木）
G. 港口步道
H. 基台与绿色屋顶（绿化小山或坡道）
I. 来自9号楼的表面雨水径流
J. 施工方需确保河岸边缘坚固，可以建设芦苇床、步道、排水系统并能承受为种植所做的适当改造。施工方需先做调研工作，以确定原河岸的情况
K. 浮桥边缘与芦苇河床之间最小距离0.5米
L. 浮动港口河床轮廓

剖面图

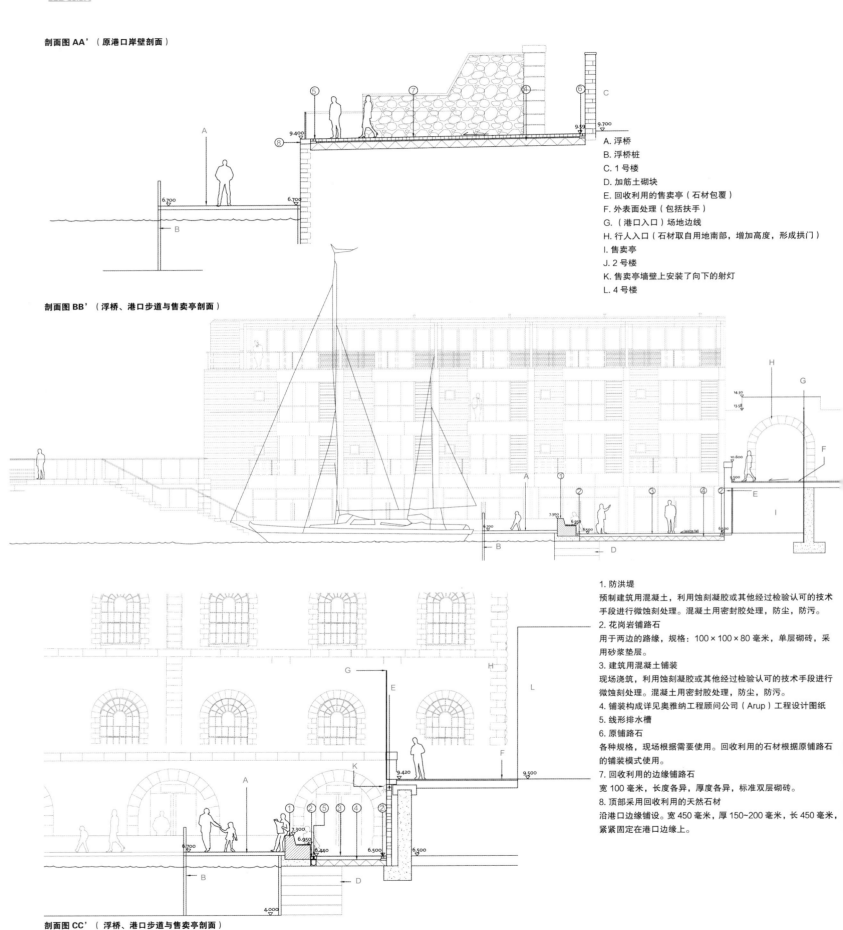

剖面图 AA' (原港口岸壁剖面)

A. 浮桥
B. 浮桥桩
C. 1 号楼
D. 加筋土砌块
E. 回收利用的售卖亭（石材包覆）
F. 外表面处理（包括扶手）
G. （港口入口）场地边线
H. 行人入口（石材取自用地南部，增加高度，形成拱门）
I. 售卖亭
J. 2 号楼
K. 售卖亭墙壁上安装了向下的射灯
L. 4 号楼

剖面图 BB' (浮桥、港口步道与售卖亭剖面)

1. 防洪堤
预制建筑用混凝土，利用蚀刻凝胶或其他经过检验认可的技术手段进行微蚀刻处理。混凝土用密封胶处理，防尘，防污。
2. 花岗岩铺路石
用于两边的路缘，规格：100×100×80 毫米，单层砌砖，采用砂浆垫层。
3. 建筑用混凝土铺装
现场浇筑，利用蚀刻凝胶或其他经过检验认可的技术手段进行微蚀刻处理。混凝土用密封胶处理，防尘，防污。
4. 铺装构成详见奥雅纳工程顾问公司（Arup）工程设计图纸
5. 线形排水槽
6. 原铺路石
各种规格，现场根据需要使用。回收利用的石材根据原铺路石的铺装模式使用。
7. 回收利用的边缘铺路石
宽 100 毫米，长度各异，厚度各异，标准双层砌砖。
8. 顶部采用回收利用的天然石材
沿港口边缘铺设。宽 450 毫米，厚 150~200 毫米，长 450 毫米，紧紧固定在港口边缘上。

剖面图 CC' (浮桥、港口步道与售卖亭剖面)

1. 绿墙全景
2. 路边特色花镜

美国丹佛绿色保护区中学

景观设计：设计概念景观事务所
项目地点：美国，科罗拉多州，丹佛
竣工时间：2014 年
面积：66,682 平方米
摄影：司各特·德雷泽尔 - 马丁（Scott Dressel-Martin）

　　美国设计概念景观事务所（Design Concepts）设计的丹佛绿色保护区中学（Conservatory Green）的景观环境侧重对动物和昆虫等大自然元素的借鉴。这所中学与高科技小学共用一个校区，两所学校共同构成丹佛科技学校（DSST）。

　　本案的景观设计注重贴合校园的特点，旨在为学生营造多样化的学习环境，既有喧闹玩乐的场所，也有安静独处的地方，整个校园环境本身成为重要的教学工具，有利于孩子们在互动式活动中学习。

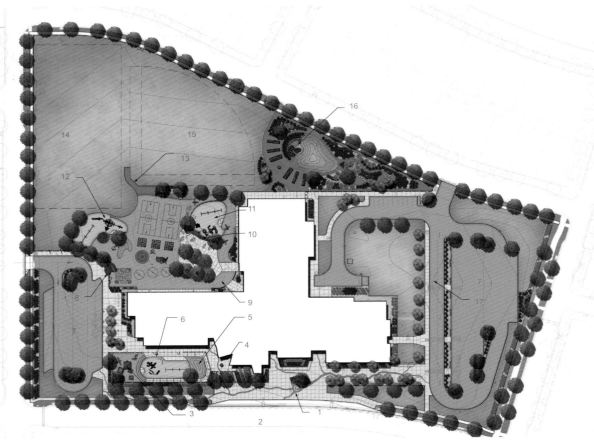

总平面图
1. 入口广场
2. 公交车停车区
3. 遮阳结构
4. 艺术广场
5. 游乐合成草皮
6. 幼儿游乐区
7. 停车场
8. 大门
9. "蜜蜂飞行路线"探险小路
10. "生命周期"教育区
11. "蝴蝶"主题主游乐区
12. "鱼类"主题中型游乐区
13. 后墙
14. 多功能区
15. 垒球场
16. 户外教室
17. 学生下车区

本案校园景观的设计以丰富的色彩和图案运用为特色，借鉴了大自然中的动物和昆虫等各种元素。特色设计包括"蝴蝶生命周期小径"、沥青地面上的美国地图、蜻蜓造型的游乐器械、游乐区里抽象的昆虫造型、户外探险区里的"蜜蜂飞行路线"以及"迷宫"里嵌入的二维码等，让孩子们通过有趣的游戏来学习。

1. 幼儿游乐区
2. 操场地面上有喷涂的游戏方格，既传统，又有趣
3. 学校正门，一行岩石作为座椅，学生可以坐在这里等待公车，同时也对后面的景观区起到保护的作用

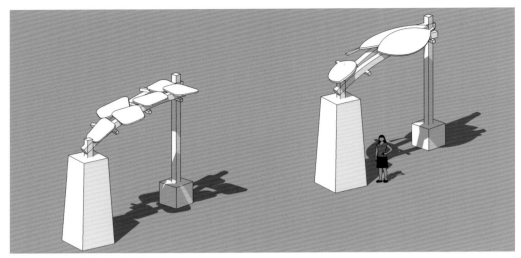

遮阳结构概念模型

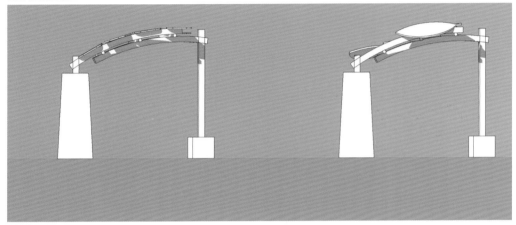

遮阳结构概念模型

动物与自然的主题贯穿整个校园。"户外发现区"以"植物生命"为主题，里面设置了户外教室，还有一条极具质感的"发现之路"。主入口广场有蚀刻的水纹图案，渐进式的视觉处理模拟水面的自然现象。学生花园区种植了大量植物，其中很多是本地原生植物。花园里的环境丰富多彩：浅黄色的砂岩阶梯广场上方有遮阳装置，上面爬满藤蔓植物，阳光透过树叶洒下斑驳的光影；此外还有一截巨大的杨木树桩，可以用作野餐桌椅；一座小桥横跨铺满鹅卵石的河床；蚀刻的踏步石镶嵌在碎石铺装的步道上；还有一条用树桩搭建的小径，孩子们可以在上面练习走平衡木。丹佛"厨房社区"公益组织（Kitchen Community）设计并安装了通心粉造型的植栽花床，极具创意，让大家动手参与，在实践中学习。

1. 自然游乐区；岩石与鹅卵石构成一条"旱溪"，能够收集雨水，上面搭建了一条小桥
2. 学生花园与自然游乐区边的蘑菇桌。学生花园里的植栽花床由丹佛"厨房社区"公益组织提供
3、4. 自然游乐区的定制遮阳结构，呈三片巨型叶片造型。其中一个叶片上有树叶造型的镂空，在阳光下形成斑驳的光影。下方设置砂岩石块，形成户外教室

拱形叶片结构设计理念

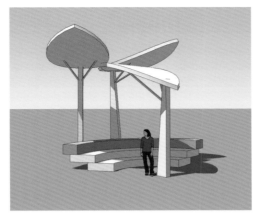

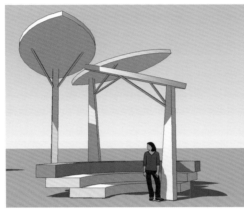

扁平叶片结构设计理念

景观设计中还包括学校常用的活动场地，比如户外游戏区。开放式空间和小广场面向附近居民开放。此外，还有精心规划的停车场以及学生上下车的地方，学生家长和公交线路共用。停车场里有"透水绿化岛"，能够在地表雨水径流进入附近的排水管道之前起到清洁的作用。

本案的设计不仅有合理的空间划分和完备的功能区域和设施，满足了校园环境的基本需求，而且为学生、老师、家长乃至周围居民带来健康而有趣的学习和生活环境。

1、2. 幼儿游乐区有蜿蜒的小径和人造草皮，适合孩子们随意游戏，有助于身体发育
3. 小女孩坐在主游乐区乌龟造型的"山丘"上，彩色表面现场浇筑
4. 主游乐区里设置了鼓
5. 学生花园里的蘑菇桌，适合多代人共同游戏

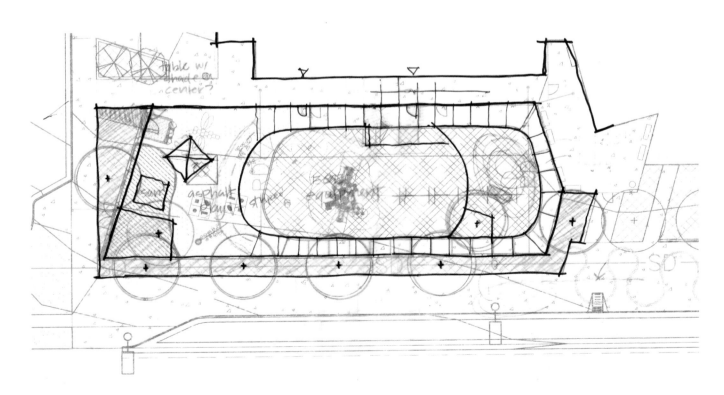

幼儿游乐区手绘图

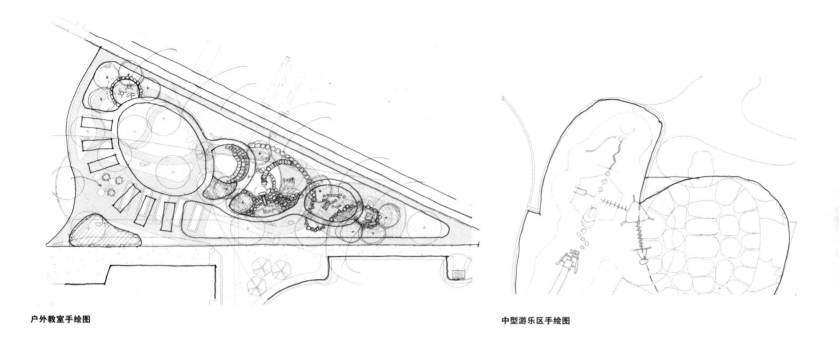

户外教室手绘图

中型游乐区手绘图

菲普斯可持续景观中心

景观设计：Andropogon 景观设计公司
项目地点：美国，宾夕法尼亚州，匹兹堡

地域特色：

菲普斯可持续景观中心（Phipps' Center for Sustainable Landscapes）位于宾夕法尼亚州匹兹堡市。这里是温带气候区，地理特色包括起伏的群山、陡坡、河谷和粘土等，过去曾进行大量的资源开采活动，混合中生植物森林中的生物多样性尤其突出。这里四季分明，年平均降雨量约为 990 毫米。在植物抗寒带分区地图上，匹兹堡位于6 区。

植栽特色：

• 以当地原生植物为基础；
• 研究当地植被，与本案的植栽特点进行比较；
• 施工期过后，采用"植物管理指标"体系（PSI）来衡量植栽的生长状况。

---

1. 全景
2. 本地原生植物特写

植栽设计示意图

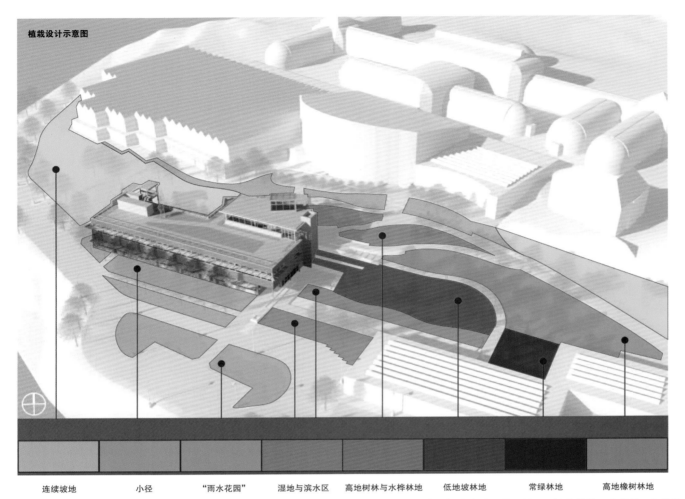

| 连续坡地 | 小径 | "雨水花园" | 湿地与滨水区 | 高地树林与水桦林地 | 低地坡林地 | 常绿林地 | 高地橡树林地 |

菲普斯温室植物园（Phipps Conservatory and Botanical Gardens）是美国第一个用于教学的植物园，至今已有120年的历史，如今依然活跃在美国环境教育领域的最前沿。为了更好地完成环境教育的重任，菲普斯温室植物园修建了这座可持续景观中心，建筑面积约为2,260平方米，其设计达到了世界最高的绿色建筑标准中的四项。项目用地从前是一片棕地，占地约1.2公顷，景观设计由美国Andropogon景观设计公司（Andropogon Associates Ltd.）操刀，能够充分满足植物园研究与教学的各种需求。建筑与景观融为一体，相辅相成，能够生产自身所需的能源，对用地上收集的所有雨水进行处理并再利用。

效果图

1. 可持续景观中心绿色屋顶全景

效果图

项目名称：
菲普斯可持续景观中心
竣工时间：
2013年
委托客户：
菲普斯温室植物园
面积：
1.2公顷
摄影：
Andropogon景观设计公司、保
罗・魏格曼摄影公司（Paul G.
Wiegman Photography）
认证：
"可持续景观设计动议"
（SITES）四星级试点工程认证

植物群落规划

入口花园与行道树 / 观赏性文化花园	雨水花园 / 洼地硬木沼泽林	常绿林地 / 针叶–阔叶陆生森林	低地山坡 / 阔叶陆生林地
	原生植物替代: 红枫+多花紫树林与洼地橡树+硬木	原生植物替代: 干白松(铁杉)栎林、铁杉(白松)+红橡木+混合硬木	原生植物替代: 干橡树+石南

入口花园与行道树	雨水花园	常绿林地	低地山坡
黄橡树	美国红枫（多茎株型）	东方白松	美洲檫树
绿山楂树 "冬之王"	鹅卵石橡树	弗吉尼亚木兰 "极光"（多茎株型）	黑橡胶树
弗吉尼亚鼠刺 "小亨利"	主教红瑞木 "北极火"		美洲山杨
熊果	北美冬青 "红精灵"	北美山胡椒	美洲白栎木
加拿大漆树	沼泽乳草	山月桂	鹅卵石橡树
卡罗来纳蔷薇	苔草 "厄梅"	桤叶山柳 "蜂鸟"	加拿大唐棣
水甘草 "蓝冰"	红色半边莲	水甘草 "蓝冰"	弗吉尼亚鼠李
蛇鞭菊 "阿尔巴"	杂色鸢尾	加拿大耧斗菜 "科比特"	高丛越橘 "蓝光"
野草莓	美国矾根 "银卷"	柳叶马利筋	
	桂皮紫萁	北美野韭	长圆叶褐毛紫菀 "八月天空"
	针叶天蓝绣球	荚果蕨	
	草原鼠尾粟	加拿大银莲花	柳叶马利筋
		福禄考 "曼尼塔"	松果菊 "白天鹅"

**人造湿地 /
非永久性挺水植物湿地**

原生植物替代: 莎草沼泽+睡莲湿地

人造湿地	常绿林地	低地山坡
黑橡胶树	足叶草	宿根金光菊
桤叶山柳 "蜂鸟"	金色千里光	蛇鞭菊
宽叶香蒲	加拿大细辛	澳洲蓝豆
水葱	石针养花	斑点马薄荷
美国芦草	饰冠鸢尾	一枝黄 "金羊毛"
灯心草	美国矾根 "银卷"	
红色半边莲		
柳枝稷 "重金属"		

滨水区 / 非永久性挺水植物湿地	坡地 / 阔叶陆生林地	高地橡树林 / 阔叶陆生森林	高地丛林 / 水桦林
原生植物替代: 莎草沼泽+睡莲湿地	原生植物替代: 黄橡树+美国紫荆	原生植物替代: 干橡树+混合硬木林	原生植物替代: 水桦林

滨水区	坡地	高地橡树林	高地丛林
金叶苔草	弗吉尼亚铁木	加拿大紫荆	白桦 "白尖塔"
牛毛颤	黄橡树	美洲山杨	弗吉尼亚鼠李
杂色鸢尾	北美圆柏 "绿哨兵"	白橡树	熊果
灯心草	绿山楂树 "冬之王"	北美圆柏 "绿哨兵"	金露梅 "美人樱"
香水月季	加拿大紫荆	北美乔松	加拿大漆树
驴蹄草	欧洲刺柏 "埃弗萨"	弗吉尼亚鼠李	长圆叶褐毛紫菀 "八月天空"
水葱	卡罗来纳蔷薇	山胡椒	柳枝稷 "达拉斯蓝"
	水甘草 "蓝冰"	欧洲刺柏 "埃弗萨"	松果菊 "白天鹅"
	长圆叶褐毛紫菀 "八月天空"	剑叶金鸡菊	宿根金光菊
	垂穗草	长圆叶褐毛紫菀 "八月天空"	蛇鞭菊
	轮叶金鸡菊	宿根金光菊	澳洲蓝豆
	宿根金光菊	蛇鞭菊	柳叶马利筋
	帚裂稃草 "草原蓝"	灯心草	一枝黄 "金羊毛"
	剑叶金鸡菊	柳叶马利筋	草原鼠尾粟
	蛇鞭菊	毛地黄钓钟柳	鸟足堇菜
	野草莓	一枝黄 "金羊毛"	
		草原鼠尾粟	
		鸟足堇菜	

项目用地地势高低起伏，设计师设置了一条蜿蜒的步道，将繁茂的绿色屋顶与地面连接起来，巧妙解决了通行问题，同时也符合《美国残疾人法案》（ADA）的相关规定。沿着这条步道，游客就能参观150多种本地原生植物，从开阔的草坪到橡树林地，再到滨水区和湿地植被，充分展现了当地植物的多样特色。这些植物根据既定的地势特点来栽种，体现了植物对环境的适应性。丰富的生物多样性为当地野生动物提供了食物、巢穴和栖息地。用地内的湖泊约有370平方米，利用屋顶雨水径流来补给，里面生活着大量当地鱼类和乌龟。

用地上的所有雨水和生活污水都收集利用。利用土壤和植被的系统化设计（包括绿色屋顶、雨水花园、生物沼泽、湖泊、透水沥青和高效能的本地植被等），可持续景观中心能够应对其用地范围内10年一遇的暴雨天气（24小时内降雨量约84毫米）。景观工程竣工后，植物灌溉不再使用任何饮用水，还能从用地以外的建筑屋顶（面积共计约0.2公顷）上面收集雨水。收集的雨水用于植物园绿化区的日常灌溉，大大降低了园区对市政用水的需求以及用水在运输和处理中所需的能源。

菲普斯可持续景观中心向公众展示了再生能源技术、自然保护策略、水处理系统、原生植物和可持续景观设计的非凡魅力，让很多人第一次接触到这些概念。

1. 宽阔的台阶，两边生长着本地原生植物
2. 可持续景观中心绿色屋顶
3. 步道能满足残障人士使用
4. 潟湖鸟瞰
5. 潟湖，远处是可持续景观中心教育大楼，右侧山丘上有一片植被
6. 潟湖沟渠近景
7. 潟湖边生长着本地原生亲水植物

深圳万科中心

景观设计：玛莎·施瓦茨景观事务所
项目地点：中国，深圳

气候特色：

深圳虽然位于北回归线以南约 1 度的位置，但是，由于西伯利亚反气旋的作用，这里受季风影响，拥有温暖、潮湿的亚热带气候。在植物抗寒带分区地图上，深圳位于 10 区。

项目名称： 深圳万科中心 **竣工时间：** 2013年 **委托客户：** 深圳万科房地产有限公司 **建筑设计：** 斯蒂文·霍尔（Steven Holl） **面积：** 52公顷 **摄影：** 张虔希

深圳万科中心是中国最大的房产开发商——深圳万科房地产有限公司——开发的一栋多功能建筑，其长度相当于美国纽约帝国大厦的高度，内有公寓、写字间和一家酒店，酒店包括会议中心、SPA水疗馆和地下停车场等设施。

英国玛莎·施瓦茨景观事务所（Martha Schwartz Partners）受到委托，负责重新规划原来的景观环境，打造高品质的公共空间和私密空间，万科的私人客户以及周围的广大居民都能使用。

1. "山丘"绿化景观

植栽设计

整体植物配置表

植物名称	类型	花色	规格（单位：厘米）	
			高度	冠幅
矮棕竹	常绿灌木		150	70
八角金盘	常绿灌木		60	30
散尾葵	常绿灌木		300	250
锦绣杜鹃	常绿灌木	粉	60	60
假连翘	常绿灌木		100	100
迎春花	落叶灌木	黄	150	150
木槿	落叶灌木	粉红	150	150
红竹	木本植物		400	3
蟛蜞菊	多年生草本	黄	30	25
芭蕉	多年生草本		450	250
龙舌兰	多年生草本		60	60
白鹤芋	多年生草本	白	60	40
蚌花	多年生草本	白	20	20
金脉美人蕉	多年生草本	黄	100	40
钝叶草	多年生草本		15	2
四季秋海棠	多年生草本	粉红	30	30
肾蕨	多年生草本		40	8
常春藤	藤本		20	20
蔓花生	藤本		20	20
白三叶草	藤本		20	20
黄菖蒲	多年生挺水草本	黄	60	35
黄花美人蕉	多年生挺水草本	黄	80	40
小叶紫薇	落叶乔木	紫	450	250
鸡蛋花	落叶乔木	黄	350	250

植栽平面图

1:500

细叶芒

花叶芒

葱兰

马利筋

马樱丹

八角金盘

矮棕竹

龟背竹

设计师采用了"群岛"的设计理念，巧妙地保留了一系列原有山丘下面的结构元素，同时应用多种植栽策略，丰富了园区景观环境的体验。

办公区植物配置表

植物名称	类型	使用区域	规格（单位：厘米）		种植密度（每平方米）	数量
			高度	冠幅		
细叶芒	多年生草本	M1、M11	170	80	4丛	17040
花叶芒	多年生草本	M17	120	150	8丛	1696
葱兰	多年生草本	M12、M17	20~25	20~25	25丛	11750
马樱丹	灌木	M5、 M4	20~25	15	49株	11560
马利筋	多年生宿根草本	M4	40~100	40	10株	8350
八角金盘	常绿灌木	M2、M3	50~60	35~40	5株	2080
矮棕竹	常绿灌木	M19、M13	200	50	10丛	7100
龟背竹	常绿灌木	M2、M3	120~150	100	15株	3975

1. 铺装材料与草皮相结合
2~4. 倒影池

写字间的区域种植了当地原生草种和统一的常绿灌木，让空间显得整齐划一。酒店区打造成高端的景观环境，主要采用观赏性植物。

景观设计中还包括一系列小花园，里面种植的植物能够体现出一年四季环境的变化。此外还有户外儿童戏水设施以及泳池和SPA。

游乐区剖面图

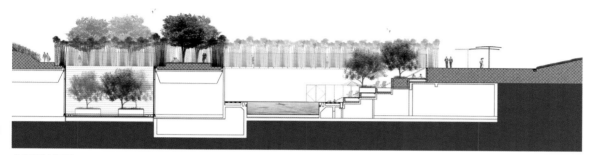

水疗泳池剖面图－1

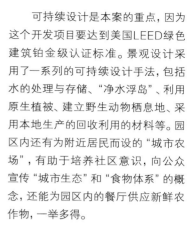

可持续设计是本案的重点，因为这个开发项目要达到美国LEED绿色建筑铂金级认证标准。景观设计采用了一系列的可持续设计手法，包括水的处理与存储、"净水浮岛"、利用原生植被、建立野生动物栖息地、采用本地生产的回收利用的材料等。园区内还有为附近居民而设的"城市农场"，有助于培养社区意识，向公众宣传"城市生态"和"食物体系"的概念，还能为园区内的餐厅供应新鲜农作物，一举多得。

1~3. 多样化的植栽设计
4. 特色花池
5. 道路绿化
6. 屋顶绿化

水疗泳池剖面图－2

植栽特色：

花园比较注重园艺环境的观赏性；选用耐旱植物，同时，植栽设计还具有导视、遮阳、改善舒适度和丰富环境四季变化等功能。而四周及屋顶的景观则比较接近大自然的环境，融入了周围的自然栖息地。

花园医院
——帕洛马
医疗中心

景观设计: 斯珀洛克·波里尔景
观事务所

项目地点: 美国,加利福尼亚州,
埃斯孔迪多市

　　帕洛马医疗中心(Palomar
Medical Center)是加州最大的公共
医疗区的一部分,这栋建筑位于新建
的西部园区,建筑面积约为16,300
平方米,其中包括5,600平方米的绿
色屋顶,由斯珀洛克·波里尔景观事
务所(Spurlock Poirier Landscape
Architects)设计。整个项目用地化
身为一片疗养花园,不仅有助于医院
患者的康复,也有利于这片土地的修
复。为了打造这种双效的"治愈式"环
境,设计师同时从两个方面着手。首
先,为患者康复营造人性化的环境;
其次,采用可持续设计模式,造福周
围环境。"自然"与"技术"两个方面
相辅相成,构成了帕洛马医疗中心西
部园区设计的指导原则,衍生出"花
园医院"的设计理念。

气候条件：

美国加州的埃斯孔迪多市是典型的地中海气候，夏季温暖，冬季湿冷，年降雨量平均值约为 430 毫米。在植物抗寒带分区地图上，埃斯孔迪多位于 9 区。

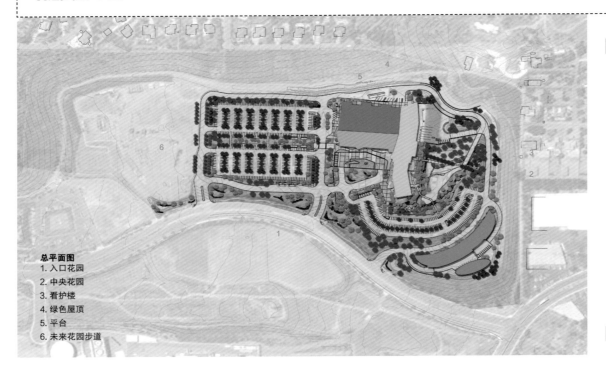

总平面图
1. 入口花园
2. 中央花园
3. 看护楼
4. 绿色屋顶
5. 平台
6. 未来花园步道

项目名称：
帕洛马医疗中心
竣工时间：
2012年
建筑设计：
CO建筑事务所（CO Architects）
工程设计：
KPFF工程公司（KPFF Engineering）、MEP工程公司（MEP Engineering）
委托客户：
帕洛马·帕默拉多健康中心（Palomar Pomerado Health）
面积：
1.2公顷
预算：
9.56亿美元
摄影：
马歇尔·威廉姆斯摄影公司（Marshall Williams Photography）、DPR承建公司

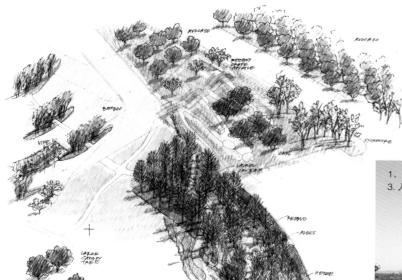

入口庭院手绘图

帕洛马医疗中心的绿化起到组织空间结构的作用。一座座小花园通过一条中轴线（即园区主路）将各处连接起来，包括停车场和所有的建筑入口。医院内，每部电梯都设置了花园露台，以景观作为导视元素，同时也营造出舒适的休闲空间。绿色屋顶旁边有露天咖啡馆，所有的患者、家属和医院员工都能从园区外面直接进入，既有保证隐私的灵活空间，又能容纳多人聚会。这些花园，包括主路尽头处的"治愈花园"，都非常注重园艺环境的观赏

1、2. 中央花园
3. 入口庭院

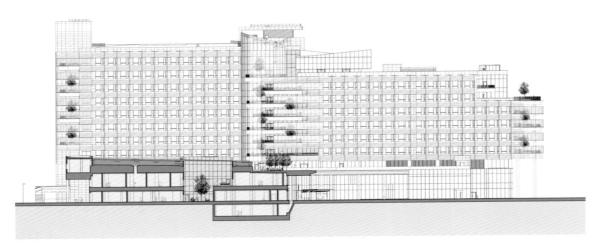

植栽整体剖面图

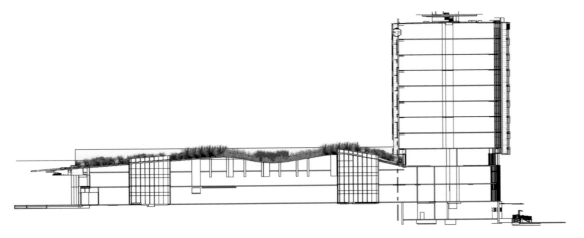

绿色屋顶剖面图

性。选用耐旱植物，同时，植栽设计还具有导视、遮阳、改善舒适度和丰富环境四季变化等功能。

医疗中心四周以及起伏的绿色屋顶上的景观则比较接近大自然的环境，融入了周围的野生动物栖息地，其中包括一条重要的鸟类栖息走廊，在项目用地进行场地平整时曾遭到破坏。此处的植栽设计不仅修复了这片栖息地，而且让园区内的空间与栖息地更好地衔接起来，拉近了人与人的距离以及人与周围环境的距离。

不论是让人眼前一亮的入口庭院，还是里面风景优美的小花园，帕洛马医疗中心园区内的各处景观环境营造了不同的"治愈"效果，不论是独处还是交际，都能带给你独有的景观特色与体验。

1. 户外咖啡厅和绿色屋顶
2~5. 中央花园植栽特写
6. 医院特色的"治愈花园"

获奖情况：
美国景观设计师协会（ASLA）圣迭戈分会 2014 年设计奖——理事长大奖

评委点评：
· 使人融入花园的氛围中
· "治愈式"景观的经典范例
· 不同空间各具特色
· 融入周围环境，由下至上，花园空间实现了完美过渡
· 明确的设计目标贯穿整个项目

圣公会教堂文法学校马格纳斯四合院

景观设计：杰里米·费里尔景观事务所
项目地点：澳大利亚，昆士兰州，东布里斯班，奥克兰大道

植栽特色：
· 保留了大片草坪作为院落的核心景观
· 采用适合亚热带气候的植被

1. 入口步道
入口步道较宽，让四合院显得更加宏伟。
2. 新入口
拟建新入口，营造出一条中轴线，将视线引向马格纳斯楼。
3. 入口植栽
这个区域原有的香樟树移栽到别处，代之以宝瓶树，植于四角，让四合院的视野更显和谐。宝瓶树不仅突出了学校入口，也体现了该校与昆士兰州的渊源。
4. 沉思花园
观赏花园，里面设有雕塑和座椅。
5. 原有步道拟拆除
6. 大草坪
草坪区域土地经过整饰，将原有坡地铺平，同时保留了四合院原有的完整性和开放性。
7. 棕榈
种植一行棕榈，为四合院添加了垂直元素，环境更加柔和。
8. 原有的纪念铺装
铺至别处，以便草坪区进行整平。
9. 节点
铺装节点，突出马格纳斯楼的入口。
10. 入口台阶
莫里斯楼（Morris Hall）入口的大片台阶让四合院更显开阔

项目名称：
圣公会教堂文法学校马格纳斯四合院
竣工时间：
2012年
景观工程承包商：
DIGIT景观工程公司
面积：
2,000平方米
摄影：
斯科特·巴罗斯（Scott Burrows）、伊马戈摄影公司（Imago Photography）

1. 四合院全景
2. 入口处，男生造型的铜像雕塑是校内的标志性元素

本案是澳大利亚东布里斯班圣公会教堂文法学校（Anglican Church Grammar School）里的一个四合院的翻新工程，由澳洲杰里米·费里尔景观事务所（Jeremy Ferrier Landscape Architects Pty. Ltd.）设计。设计师充分尊重了学校的传统和校园环境的氛围。这个带草坪的四合院是这所学校乃至周围住宅区里备受重视的地方，任何一点改造都需要加倍小心。

设计师采用的策略是保留大面积的草坪作为院落里的核心景观元素，这样，四合院原来的特点就得以延续。原来的地形有地势高低的变化，不符合相关的道路标准。因此，设计师采用"随挖随填"的方法重新塑造了地形，营造出平整的阶梯式台地以及符合相关规定的人行步道。

总平面图

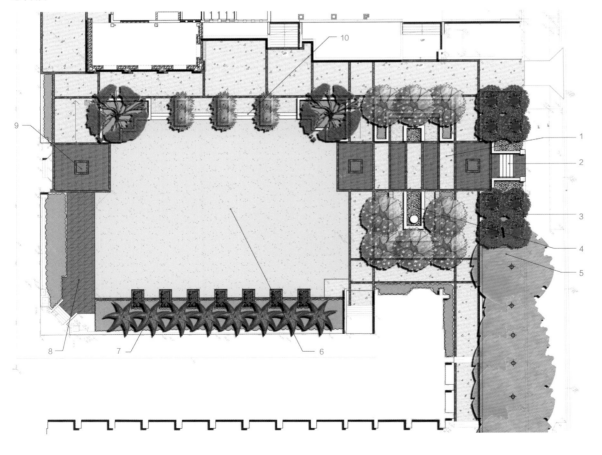

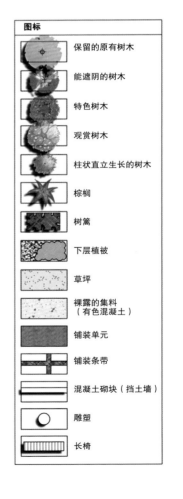

图标

	保留的原有树木
	能遮阴的树木
	特色树木
	观赏树木
	柱状直立生长的树木
	棕榈
	树篱
	下层植被
	草坪
	裸露的集料（有色混凝土）
	铺装单元
	铺装条带
	混凝土砌块（挡土墙）
	雕塑
	长椅

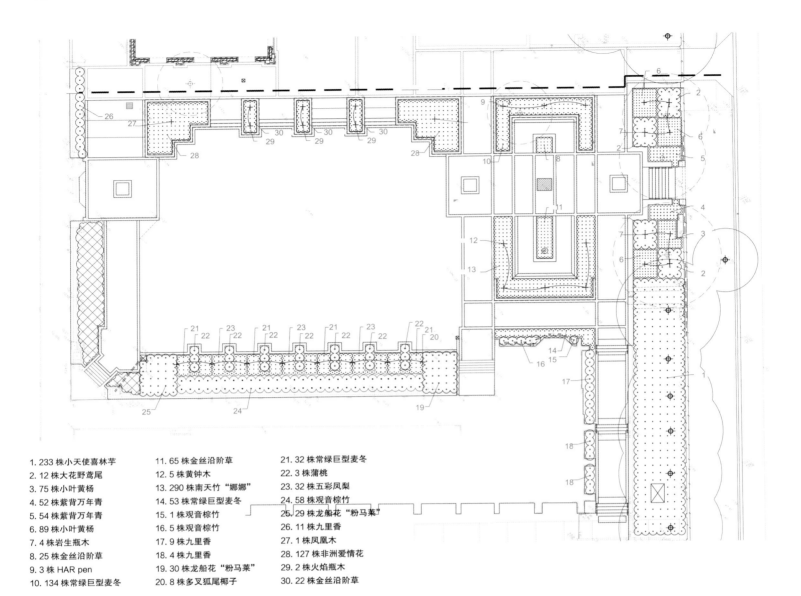

1. 233 株小天使喜林芋
2. 12 株大花野鸢尾
3. 75 株小叶黄杨
4. 52 株紫背万年青
5. 54 株紫背万年青
6. 89 株小叶黄杨
7. 4 株岩生瓶木
8. 25 株金丝沿阶草
9. 3 株 HAR pen
10. 134 株常绿巨型麦冬
11. 65 株金丝沿阶草
12. 5 株黄钟木
13. 290 株南天竹"娜娜"
14. 53 株常绿巨型麦冬
15. 1 株观音棕竹
16. 5 株观音棕竹
17. 9 株九里香
18. 4 株九里香
19. 30 株龙船花"粉马莱"
20. 8 株多叉狐尾椰子
21. 32 株常绿巨型麦冬
22. 3 株蒲桃
23. 32 株五彩凤梨
24. 58 株观音棕竹
25. 29 株龙船花"粉马莱"
26. 11 株九里香
27. 1 株凤凰木
28. 127 株非洲爱情花
29. 2 株火焰瓶木
30. 22 株金丝沿阶草

植物配置表

代码	品种	数量	规格	高度	立桩/拉线
AGA afr	非洲爱情花	254	140毫米	300毫米	
BRA ace	火焰瓶木	6	200升	3500毫米	立桩
*BRA rup	岩生瓶木	8	1000升	5000毫米	拉线
BUX mic	小叶黄杨	342	140毫米	250毫米	
*DEL reg	凤凰木	2		4500毫米	拉线
DIE gra	大花野鸢尾	48	140毫米	300毫米	
*HAR pen	蔓生假山萝	3	400升	3500毫米	立桩
IXO Pin	龙船花 "粉马莱"	59	200毫米	450毫米	
LIR Eve	常绿巨型麦冬	315	140毫米	250毫米	
MUR pan	九里香	28	300毫米	800毫米	
NAN Nan	南天竹 "娜娜"	290	200毫米	300毫米	
NEO Bos	五彩凤梨	96	200毫米	400毫米	
OPH var	金丝沿阶草	156	140毫米	250毫米	
PHI Xan	小天使喜林芋	233	200毫米	400毫米	
RHA exc	观音棕竹	64	25升	1100毫米	
RHO dis	紫背万年青	106	140毫米	250毫米	
SYZ AB	蒲桃	21	300毫米	800毫米	
*TAB pal	黄钟木	5	200升	3500毫米	立桩
WOD bif	多叉狐尾椰子	8		4000毫米	

* 岩生瓶木直径不小于 500 毫米。
* 凤凰木展幅不小于 4000 毫米
* 蔓生假山萝展幅不小于 2500 毫米。
* 黄钟木展幅不小于 2200 毫米。

1. 台阶通向中央草坪
2. 花池内设有灯柱

　　院落四周是新增的景观元素，呈现出整洁划一的景观环境。沿中轴线设置了若干入口和步道，将视线引向学校主楼——马格纳斯楼（Magnus Hall）。宽阔的台阶通向中央的草坪。静谧的花园里设置了座椅，种植了观赏性植被，是远离来往人群喧嚣的一个安静所在。入口大门内设置了一尊铜像，是圣公会教堂文法学校一名男生的形象，成为这所学校的标志性元素。地面铺砖内嵌入了蓝、灰二色的马赛克地砖——这所学校的标志色，为地面铺装增加了亮点。

　　植栽设计呈现出整齐划一的风格，采用了适合亚热带气候的植被。四株宝瓶树形成和谐的"四重奏"，划分出入口空间的界线，把视线引向里面的四合院。宝瓶树是澳大利亚内陆特有的树种，象征着这所学校与昆士兰州的渊源——许多寄宿生从昆士兰州来到这里接受中等教育。落叶开花树木（比如粉花风铃木）为校园带来季节的变化，而有着庞大树冠的常绿乔木（比如垂枝假山萝）则给户外休闲区营造了阴凉的环境。

1. 四株宝瓶树形成和谐的"四重奏"，划分出入口空间的界线，把视线引向里面的四合院
2. 入口
3、4. 静谧的花园里设置了座椅，种植了观赏性植被

透视图

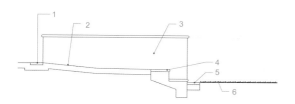

剖面图 A–A

1. 丁砖层铺装
2. 坡地台阶
3. 混凝土砌块（挡土墙）
4. 台阶铺装
5. 铺砖边缘
6. 草坪区

混凝土矮墙大样图

1. 高度变化（最小 40 毫米，最大 100 毫米）
2. 边缘有色混凝土现场浇筑
3. 混凝土基脚

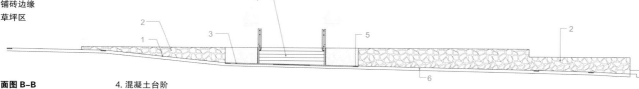

剖面图 B–B

1. 坡道
2. 挡土墙（表面石材包覆）
3. 铺装单元

4. 混凝土台阶
5. 丁砖层铺装
6. 裸露的集料（有色混凝土）铺装
7. 原青石挡土墙

剖面图 C–C

1. 原有台阶
2. 铺装单元
3. 瓷砖铺装
4. 混凝土砌块（挡土墙）
5. 台阶铺装

6. 草坪区
7. 裸露的集料（有色混凝土）铺装
8. 混凝土台地
9. 扶手
10. 入口立柱
11. 混凝土台阶

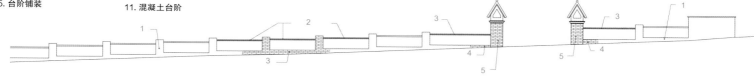

立面图

1. 原前门围栏或围墙
2. 新砌砖墩和砖墙（与原围栏相匹配）
3. 新金属扶手
4. 新砌砖墙（与原围栏相匹配）
5. 入口立柱

植栽特色：
池塘周围的植栽设计延续了庭院的风格和学术的氛围。所有庭院中，都用耐旱植物取代了原来已经衰朽的植被，同时，栽种了落叶乔木，营造出斑驳的阴影，打破了空间体量的单调。

福特希尔
学院

景观设计： 梅耶＋西尔伯贝格景观事务所
项目地点： 美国，加利福尼亚州，洛斯阿图斯

　　福特希尔学院（Foothill College）是一所在当地广受赞誉的公共学府。由于校园环境年久失修，校方决定进行一次彻底的整修。梅耶+西尔伯贝格景观事务所（Meyer + Silberberg）接到设计任务后，面临着不小的挑战：校园占地约49公顷，原来的设计还曾经获奖，此次重建要求不能破坏原设计的高贵典雅，同时又要对空间进行现代化的改进，满足21世纪的需求。本案最终呈现的设计完美实现了上述目标，令校园重焕生机，成为当地重要的地标式风景。

　　校园原来受到不少问题的困扰：许多地方都违反了相关法规，校内通行也比较受限。此次设计要让校园符合《美国残疾人法案》（ADA）的规定，对低效的基础设施进行更新，让校园的社交空间焕发活力。委托方确保了修缮资金到位，在6年的时间里工程施工分期进行，景观设计师与校方以及众多建筑师开展了紧密的合作，共同筹划如何对他们挚爱的这片校园进行适当的修复与扩建。

设计方案为毕业典礼和其他活动规划了新的空间,侧重校园的长期可持续发展。校园面临的一个重要问题是不符合《美国残疾人法案》的规定。设计师研究出多种策略,使其符合了相关规定,同时也没有破坏原来的景观设计。校园里有许多学术氛围浓厚的庭院,不过都基本不用,已经破败不堪。设计师与校方的各个院系合作,共同赋予了这些庭院新的功能,设计了舒适宜人的空间,体现出各个院系的特点。

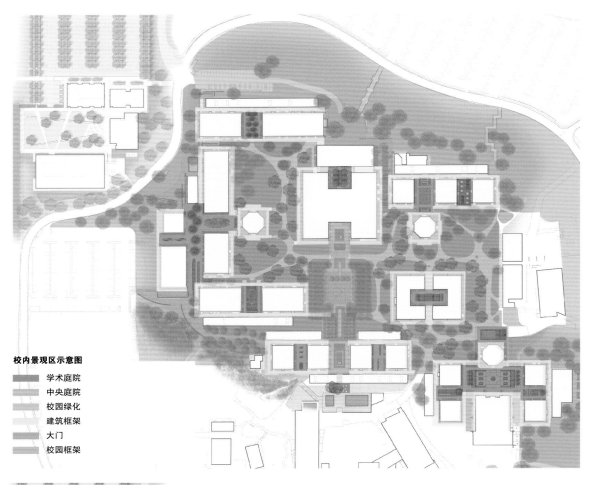

校内景观区示意图

- ■ 学术庭院
- 中央庭院
- 校园绿化
- 建筑框架
- 大门
- 校园框架

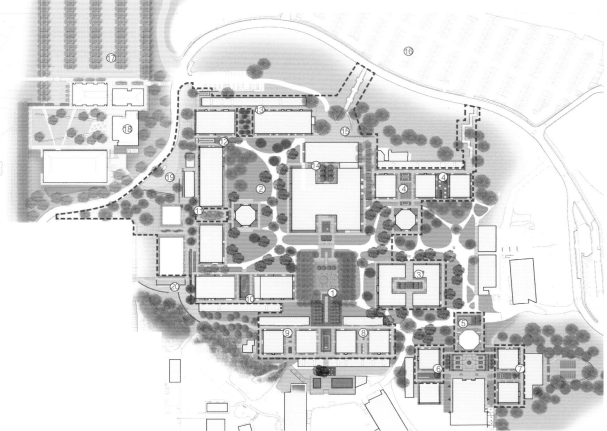

校园平面图
1. 中央庭院
2. 校园绿化
3. 行政管理庭院
4. 商业 + 社会服务庭院
5. 喷泉
6. 美术庭院
7. 表演艺术庭院
8. 摄影庭院
9. 语言艺术庭院
10. 生物庭院
11. 学术庭院
12. 人行坡道
13. 计算机科学庭院
14. 图书馆庭院
15. 北门
16. 2 号停车场 + 3 号停车场
17. 4 号停车场
18. 自然科学 + 工程学大楼
19. 侧门
20. 西门

乔木
紫薇
美洲栎
银杏树"普林斯顿哨兵"
中国榆树
白蜡树"秋紫"

灌木+地表植物
君子兰
芦荟
灯心草
香蕉草
鳞芹
忍冬
墨西哥羽毛草
鸢尾"太平洋海岸"
加州灰草
南剑蕨
新西兰亚麻
狼尾草
西链蕨鼠尾草
伯克利莎草

草甸
匍匐山黑麦

植物列表

本案的设计成果极其丰硕：这片历史悠久的校园中85%的面积都进行了彻底的重建；扩建了1.6公顷的土地用于学校的STEM课程（科学、技术、工程和数学专业），并取得了美国LEED绿色建筑认证；树立了新的设计标准；校方已经制定了具体的计划，资金一到位就能完成接下来的工程。福特希尔学院又能对自己的校园备感自豪了，校方的话反映了本案设计的圆满成功："新的中央校园景观规划让我们拥有50年历史的校园重焕生机，解决了道路通行和安全问题，更加凸显了原建筑设计和景观设计的美，为我们的学生营造了安全、舒适、可持续的、振奋人心的环境。"

项目名称：
福特希尔学院
竣工时间：
2013年
委托客户：
福特希尔–德安扎社区学院区
（Foothill De Anza Community College District）
面积：
49公顷
摄影：
德鲁·凯利（Drew Kelly）
植物抗寒带分区：9b区

1. 中央庭院全景
2. 焕然一新的中央绿化区

可持续设计与环境因素

校方致力于可持续发展，在校园重建中尽量抓住每一个实施生态设计原则的机会。在基础设施的重建中，实现了显著的节水与节能。校园内大面积受到污染的夯实土壤阻碍了树木的生长，此次进行了彻底的清除。校内建筑扩建中产生的堆积土壤得到了利用。

·节水灌溉系统利用校园内的中央气象站，自动控制灌溉水平，实现最大限度的效能。这套系统预计能让用水量降低35%。

·用耐旱植物取代了原来的耗水植物，方便各个院系维护。

·保护校内各处历史悠久的橡树。

·在整个校园用地内修复了耐旱的本地原生草坪。

·如果可能，尽量选用回收利用的材料，比如地面铺砖。

·建立了自行车道路体系，扩建了公交车站，提供更多交通方式。

·停车场安装了太阳能板，每年生产140万千瓦时的电量，同时还起到遮阳的作用。

·建设校园基础设施，兼顾回收利用。

1. 蜿蜒的台阶通向校园，途中经过原有的橡树林和原生草甸
2. 中央庭院环境优美，适合漫步
3. 橡树林边的弧形座椅，坐在这里可以欣赏周围优美的风景
4. 喷泉边缘设计成座椅
5. 中央庭院历史悠久，此次在原有的砖石铺装和喷泉的基础上进一步改善了环境
6. 各种耐旱植物取代了原来已经老化的植物
7. 座椅间的绿化
8. 生物庭院里营造了水生花园，方便教学

华盛顿公园扩建

景观设计：人与自然景观事务所
项目地点：美国，俄亥俄州，辛辛那提

　　根据辛城公园管理局（Cincinnati Park Board）2007年制定的"百年规划"（Centennial Master Plan），辛辛那提市要加强市中心区的环境建设，建立新的合作伙伴关系。华盛顿公园（Washington Park）所在的城区位于市中心边缘，历史悠久，提供了实现规划目标的良机。辛城中心城市开发公司（3CDC）是一家致力于城市中心区建设的非营利私有企业。他们提出一种以资产为基础的开发方式，即利用城市资产来进行开发。3CDC与辛城公园管理局合作，共同发起了华盛顿公园的改造，并委托人与自然景观事务所（Human Nature, Inc.）主持这一项目。

1. 历史悠久的音乐台经过修复，周围的广场原来是进行毒品交易等非法活动的地方，现在改造成为跟音乐台、狗狗公园、游乐区以及互动式水景紧密衔接的公共活动空间
2. 公园外围有矮墙、装饰性栏杆、引导标识和入口门柱，材料采用定制的卢克伍德瓷砖（Rookwood）
3. 植物的多样化搭配带来四季色彩和质感的丰富变化

1~4. 公园的植栽设计策略侧重对原有成熟树木的保护，同时也新栽了树木，以此来划分空间，并用灌木来进一步区分各个空间；花坛里的植物带来一年四季的景色变化；采用了"犯罪预防性景观设计"（CPTED）原则

游乐区效果图
版权所有：保罗·凯利（Paul W. Kelley）

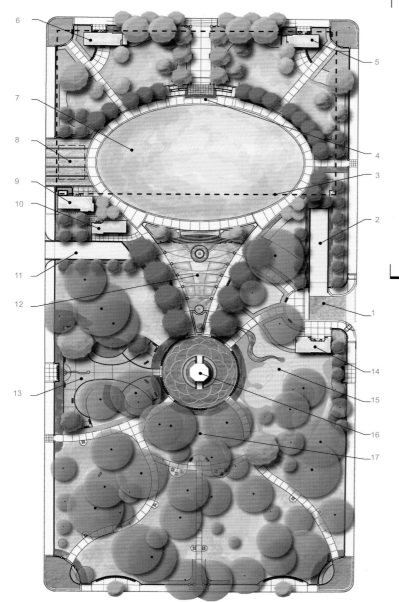

项目名称：
华盛顿公园扩建
竣工时间：
2013年
委托客户：
辛城公园管理局、辛城中心城市开发公司
面积：
3.2公顷
摄影：
J. 迈尔斯·伍尔夫（J. Miles Wolf）、人与自然景观事务所
获奖：
2012年美国景观设计师协会（ASLA）俄亥俄州分会荣誉奖
材料：
花岗岩铺装、斑岩铺装、印第安纳石灰岩墙壁、俄亥俄州砂岩巨石、卢克伍德瓷砖（Rookwood）、定制铁栅栏

总体规划图
1. 13 号街入口庭院
2. 民族大街车辆出入口
3. 停车场
4. 户外平台
5. 东北车库大厅
6. 西北车库大厅
7. 公共绿化区（4,600 平方米）
8. 音乐厅花岗岩广场（580 平方米）
9. 西南车库大厅
10. 专属餐饮 + 安保大楼
11. 榆树街车库
12. 互动式水景（650 平方米）
13. 狗狗公园（1,100 平方米）
14. 卫生间
15. 游乐场（1,700 平方米）
16. 音乐台
17. 特色植物

在总体规划过程中，广大市民广泛参与其中。最终的规划方案将公园从2.4公顷扩建到3.2公顷，为拥挤的市区环境增加了宝贵的绿色空间。通过扩建，在历史悠久的国家级地标建筑辛辛那提音乐厅（Music Hall）的对面增建了一片开阔的公共空间，下面建设了450车位的地下停车场。公园南部保留了"田园绿洲"的原貌，这里从19世纪就一直是这样；而公园北部则规划了多种新的功能区，满足周围居民的各种使用需求。公园中心原有的演奏台和小广场得到修复，这里是华盛顿公园的标志。

经过扩建的公园让每个人都能找到适合自己的休闲空间——"狗狗公园"、游乐场、各种互动式水景、比足球场还大的草坪以及一系列景色优美的小花园等。演奏台、砂岩柱、石灰岩墙以及绿树成荫的环境，都是这座公园最重要的、历时性的标志，设计中保留并突出了这些元素。除了这些历时性元素之外，还新建了卫生间、停车场入口大门、表演台以及其他基础设施，都与原有的环境氛围相协调，让历史与现代相互交融。设计师应用了多种可持续设计策略，包括建设了市中心第一批枯井、对五个屋顶进行了密集型绿化、对停车场上方的大型屋顶（面积约0.8公顷）进行了粗放型绿化并扩建了城区林地。

音乐台效果图
版权所有：保罗·凯利（Paul W. Kelley）

公共草坪效果图
版权所有：保罗·凯利（Paul W. Kelley）

A. 绿地扩建（从 2.4 公顷扩建到 3.2 公顷）

■ 原有绿地

■ 扩建绿地

B. 保护、修复、回收、利用

■ 音乐台翻新

■ 树木保留

■ 墙壁回收利用

■ 立柱回收利用或翻新

C. 绿色基础设施

■ 密集型绿色屋顶

■ 枯井

■ 多孔表面

■ 粗放型绿色屋顶

■ 地下停车场

D. 可持续景观

■ 原生多年生植物

■ 原生树木

■ 工程土

■ 高效灌溉

E. 公园主要设施

■ 互动式喷泉

■ 音乐台与广场

■ 狗狗公园

■ 公共绿地与表演台

■ 游乐场

植栽设计详述

华盛顿公园的植栽设计策略旨在符合公园的整体规划和空间体验，同时，这是一座使用频繁的城区公园，还要营造安全的环境以及丰富的四季变化。为实现上述目标，设计师将植栽分为四个类型：

·乔木（"骨骼"）

保留了原有树木，此外还新栽了一些，以便达到预期的"绿树围场"效果。公园整体的田园风格也得以保留。

·灌木（"空间框架"）

灌木或者做成树篱，或者修剪成大体块的绿植，使其符合公园内各个功能区的不同环境氛围。

·观赏花池（"四季交响乐"）

花池精心设置在可见性较高的区域（比如门口和四周），里面种植一年生植物、多年生植物和鳞茎类植物等，赋予公园四季色彩和形象的变化。

·草坪（"绿毯"）

共有五种类型的草坪，以便适应不同功能区的不同情况，分别是：

1. 原有大型树木下方种植的"阴凉草坪"；

2. 公园北部阳光明媚的开放式空间种植的"阳光草坪"；

3. 使用频繁的公共绿地区种植的"合成草坪"（天然草坪）；

4. "狗狗公园"里专门种植的"合成草坪"；

5. 游乐场里专门种植的"合成草坪"。

除了空间和美观方面的考虑之外，华盛顿公园的植栽设计还受到另外两个因素的影响：

·利用环境设计预防犯罪（CPTED）

为改善环境的防御性和可见性，方便公园安保的巡逻，对植栽的高度进行限制：或0.9米以下，或2.4米以上（树冠）。

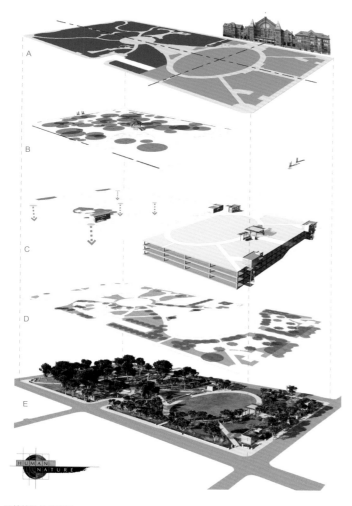

可持续设计示意图

·可持续设计/绿色基础设施

整个公园中，本地原生植物（包括乔木、灌木和多年生植物）与观赏性植物相结合，达到生物多样性和栖息地价值的平衡。另外，园内所有新建建筑物的屋顶都进行了绿化，卫生间、售卖亭和停车场大门顶部种植了景天属植物，而地下停车场屋顶上采用了76~122厘米的特制混合土壤。

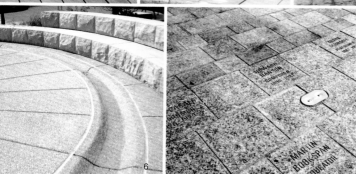

1. 通过对当地儿童的走访、对美国各地游乐空间的调研以及对当地文化和自然资源的研究，设计师将游乐区打造成发现、探索、互动的平台，适合各个年龄段儿童的成长和发展
2. 狗狗公园里设有喷泉和沟渠供狗狗嬉戏
3~8. 公园周围的建筑和环境是设计的基础，多样化的材料、精致的技术细节以及色彩和质地的搭配都与既定环境相协调；同时，公园作为频繁使用的城市公共空间，也考虑到其耐久性和长远的可持续性

汉堡城市发展与环境部

景观设计： SSR 景观事务所、L+ 景观事务所
项目地点： 德国，汉堡

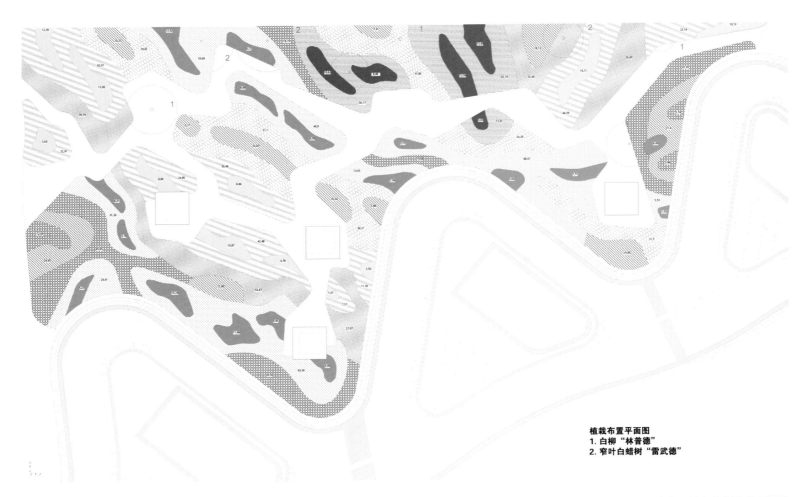

植栽布置平面图
1. 白柳"林普德"
2. 窄叶白蜡树"雷武德"

汉堡城市发展与环境部（BSU/ Office for Urban Development and Environment）办公大厦的室外景观由德国SSR景观事务所（schaper & steffen & runtsch Garten und Landschaftsarchitekten）与L+景观事务所（Landschaftsarchitektur +）联手设计。设计遵循了威廉堡中心（Wilhelmsburger Middle）的原有框架，按照已经确定的城市规划和景观设计的目标执行。由于项目位于2013年国际花园展主入口、火车桥以及格尔德路施魏姆勒路（Gerd-Schwämmle-Weg）的交叉点，其所在的中心位置对新威廉堡中心的运作和开发具有特殊的意义。

总平面图

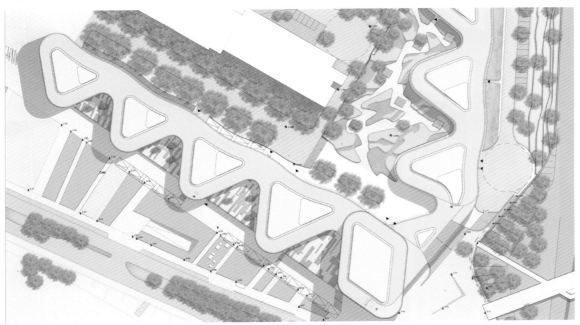

项目名称：
汉堡城市发展与环境部
竣工时间：
2013年
主持景观设计师：
菲利克斯·霍扎菲尔-赫齐格（Felix Holzapfel-Herziger）/ L+景观事务所
建筑设计：
索布鲁赫+赫顿建筑事务所（Sauerbruch und Hutton）、欧博迈亚集团（OBERMEYER）
委托客户：
汉堡斯普林肯豪夫房地产管理股份有限公司（Sprinkenhof AG, Hamburger Immobilienverwaltungsgesellschaft）
面积：
23,200平方米
摄影：
菲利克斯·霍扎菲尔-赫齐格、凯·瑞切尔斯（Kay Riechers）

整个建筑结合室外景观设计，给人带来非凡的设计感受，其中包括花园式庭院、榆树大道、学院式庭院、花园露台以及大面积的绿色屋顶设计。约有一半的室外设施位于建筑的低层空间，大范围和更深层次的绿化，使建筑内部和外部系统地相结合，符合德国可持续发展建筑委员会（DGNB）的规则。

室外景观的设计理念考虑了汉堡城市发展与环境部的目标和职责，并将其融入到设计结构中。地毯式的沿海岸高燥地景观、易北河（Elbe）浅滩的潮路……这些典型的汉堡风景为屋顶和花园庭院的空间结构提供了借鉴。

1. 波浪形长椅
2. 多样化植栽搭配
3. 屋顶上的植栽设计比例匀称

植物组合："小阳春"

设计要点	透水的干燥土壤，表面铺设砾石
项目用地	充分的光照
采光	暖色：黄、橘、红、红棕
色彩	点缀色：紫色、白色和紫红色叶片
应用区域	中小型区域、环状交叉路口、中央分隔带、边缘带状区域（斜坡）、停车区、铁路区外围、商业绿化区
养护建议	第一年养护4~6次（每年每平方米需8~10分钟）；下一年养护3~4次（每年每平方米需5~7分钟）；深冬剪枝（一月至二月）；第一年要在栽种初期灌溉，以后只在极端干旱时灌溉；矿物护根层厚度5~7厘米
特色	

半高的草原灌木和草本植物相结合，秋季开花，色彩缤纷。设计灵感来自美国"小阳春"气候下花卉明艳而温暖的色彩。花卉以金色、红棕色和橘红色为主，白色点缀其中，以紫红色的叶片作为背景。

植物列表

名称	每10平方米植株数量	每100平方米植株数量	建议	替代选择
框架植物				
侧花紫菀 "地平线"	2	20	在紫红色叶片的烘托下效果更佳	25株侧花紫菀 "王子"
蓝花赝靛	1	10	单生,成熟很慢	30株草原鼠尾粟
分药花 "蓝尖"	1	10	夏季开蓝花,半灌木	品种: "香云"、"威斯康星"、"魏因海姆"
西方向日葵	1	5	单生,开精致的黄色向日葵花	替代品:酸沼草
草原鼠尾粟	3	30	秋冬季节繁茂,黄橙色叶片,花芳香	品种: "保罗·彼得森" 或 "海德布劳"
灌木				
柳叶马利筋	3	25	有观赏性种荚	
剑叶金鸡菊	4	40	夏季前繁茂,开花繁盛,结种子	
大叶金鸡菊	4	40	夏季繁茂,秋季呈橘色	40株大花金鸡菊
黄花松果菊	6	60	夏季前繁茂	50株大天空紫锥菊 "日出" (浅黄色),大天空紫锥菊 "丰收月" (金色)
百日菊 "阿尔巴"	3	30	开白花,夏季繁茂	30株膜苞鸢尾 "阿尔巴"
细茎针茅	5	50	夏季银绿色,冬季繁茂	
大花桔梗	4	40	紫罗兰色,开大花 (如风铃花),夏季繁茂,来自亚洲	
密苏里金光菊	5	50	夏季繁茂,花期较长	40株橘色金光菊
红花钓钟柳	3	30	橘红色花,花期较短	
秋麒麟 "金羊毛"	3	25		
毛地黄钓钟柳 "哈斯克红穗"	3	30	紫红色叶片,秋季偏红色,观赏性植物	

填充植物				
大花天人菊 "托卡伊" 或 "勃艮第"	3	25	种子	25株宿根天人菊 "琥珀轮"，黄色，花期较长
草原松果菊 "墨西哥小红帽"	2	20	自然播种	20株草原松果菊，25株多花筋骨草
地表植物				
薯紫菀	10	100	夏季开白色小花	
阿尔布拉长颖燕麦 "银皇后"	1	10	银色叶片	
丽色画眉草	5	50	秋季紫红色叶片	50株细叶格兰马草
蓬蘽钓钟柳	5	50	冬季有绿色叶丛	
柔毛月见草	5	50	柠檬黄色花朵，橘色蓓蕾，秋季呈橘红色，紫色，冬季有绿色叶丛	
鳞茎类植物				
水仙 "哈维拉"	30	300	窄叶，多花	
郁金香	15	150	窄叶，橘色花	
杜鹃郁金香 "休伯根变种"	10	100	鲜红色	
巴塔林郁金香 "亮宝石"	10	100	浅黄色	100株郁金香 "酒吧音乐"
希腊银莲花 "蓝影"	40	400	蓝色	

花园庭院种植的植物以草本植物为主，并穿插种植开花灌木、春季开花植物以及落叶灌木等。为了提高停留空间的质量，地下停车场的通风口处设置了可坐可躺的木椅。屋顶露台的灌木植物呈线性形态，错落有致。特殊的屋顶空间采用了配以景天属植物的简单式屋顶绿化。大面积的绿化屋顶有助于汉堡城市发展与环境部实现保护气候的目标。

1. 植栽特写

植栽特色：
景观设计以观赏性草坪为基础背景。草坪上设置圆形种植区，种植了各种多年生植物，夏季开花为蓝色，秋季为红色。

彩色世界
——多普斯维德公园

景观设计：路兹 & 范弗利特设计工作室、范莫里克建筑事务所
项目地点：荷兰，卡特韦克

　　多普斯维德公园（Dorpsweide Park）位于荷兰卡特韦克市，由两家公司——路兹&范弗利特设计工作室（LOOSvanVLIET）和范莫里克建筑事务所（Architecten van Mourik）——联手设计。设计规划围绕公园中心原有的运动场地展开。设计师通过在球场区域规整式种植成行的乔木来营造更多的绿色空间。靠近河流的区域，为了使空间更开阔，采用松散式排列种植形式。公园两边的边界线（与河流垂直）种植三排枫树，形成框架式景观效果。

1. 路边的"种植岛"
2. 草坪上设置石墩

1、2. 多样化的植栽设计

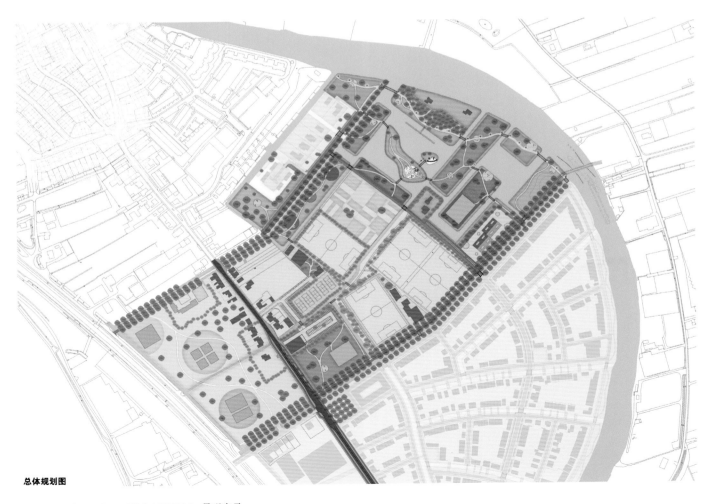

总体规划图

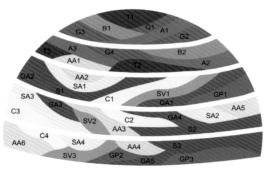

边界区 –1

T1、T2、T3：乌头 30% + 唐松草 70%

B1、B2：心叶牛舌草 70% + 舟形乌头 30%

G1、G2、G3、G4：银叶老鹳草"五月花" 70% + 黄花猫薄荷 30%

A1、A2、A3：杨柳 20% + 心叶牛舌草 50% + 软羽衣草 30%

AA1、AA2、AA3、AA4、AA5、AA6、AA7、AA8：柳叶水甘草 30% + 软羽衣草 70%

SA1、SA2、SA3、SA4、SA5：黄盆花 70% + 紫菀"蒙奇" 30%

S1、S2、S3：鼠尾草"蓝色山脉" 30% + 鼠尾草"吕根" 30% + 鼠尾草"马库斯" 40%

C1、C2、C3、C4、C5、C6、C7：轮叶金鸡菊"月光" 60% + 俄罗斯糙苏 15% + 火炬花"佩尔西的骄傲" 25%

SV1、SV2、SV3、SV4、SV5：鼠尾草"蓝色山脉" 70% + 柳叶马鞭草 30%

GP1、GP2、GP3、GP4、GP5、GA6、GP7：天竺葵"罗珊" 40% + 夹竹桃"蓝色天堂" 35% + 裂叶马兰"蓝星" 25%

GA1、GA2、GA3、GA4、GA5、GA6、GA7：天竺葵"法国土地" 45% + 天蓝鼠尾草 20% + 矮紫菀 35%

项目名称：
多普斯维德公园
竣工时间：
2013年
合作设计：
阿姆斯特丹INBO工程公司（INBO Amsterdam）、雅克琳娜·范德克罗特（Jacqueline van der Kloet）
委托客户：阿姆斯特丹INBO工程公司
面积：
20公顷
摄影：
玛汀·范弗利特
气候：
海洋气候带

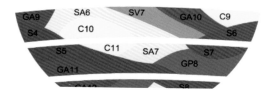

边界区 –2

T4、T5、T6、T7：乌头 30% + 唐松草 70%

B3、B4、B5：心叶牛舌草 70% + 舟形乌头 30%

G5、G6、G7：银叶老鹳草"五月花" 70% + 黄花猫薄荷 30%

A4、A5：杨柳 20% + 心叶牛舌草 50% + 软羽衣草 30%

AA9、AA10、AA11：柳叶水甘草 30% + 软羽衣草 70%

SA6、SA7、SA8：黄盆花 70% + 紫菀"蒙奇" 30%

S4、S5、S6、S7、S8：鼠尾草"蓝色山脉" 30% + 鼠尾草"吕根" 30% + 鼠尾草"马库斯" 40%

C8、C9、C10、C11：轮叶金鸡菊"月光" 60% + 俄罗斯糙苏 15% + 火炬花"佩尔西的骄傲" 25%

SV6、SV7：鼠尾草"蓝色山脉" 70% + 柳叶马鞭草 30%

GP7、GP8、GP9：天竺葵"罗珊" 40% + 夹竹桃"蓝色天堂" 35% + 裂叶马兰"蓝星" 25%

GA8、GA9、GA10、GA11、GA12：天竺葵"法国土地" 45% + 天蓝鼠尾草 20% + 矮紫菀 35%

公园的中心区域以草坪为基础背景，周边是狭窄的沟渠。滨河处，松散排列的小岛给河岸注入生机，大小不一的水体与小岛相互交融，营造出独有的自然景观。公园中心区域的小岛分散处设计了休闲活动空间。每一个小岛都有独有的特征，有属于它自己的观赏草，高度和颜色都各不相同。通过松散布局的小径把小岛有机地连接起来。沿着这些小径为游客设计了休憩空间，座椅随意摆放在草丛中。水边是休息和垂钓的完美去处。

公园里所有的小径都采用相同的材料，垃圾箱、座椅以及照明灯也都是统一的。所有的设施都简约低调，与周围的乡村风景相协调。

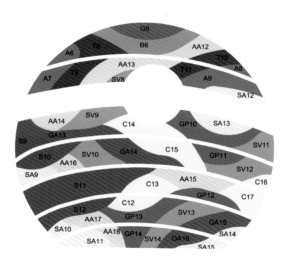

边界区 –3

T8、T9、T10、T11：乌头 30% + 唐松草 70%

B6：心叶牛舌草 70% + 舟形乌头 30%

G8：银叶老鹳草"五月花" 70% + 黄花猫薄荷 30%

A6、A7、A8、A9：杨柳 20% + 心叶牛舌草 50% + 软羽衣草 30%

AA12、AA13、AA14、AA15、AA16、AA17、AA18：柳叶水甘草 30% + 软羽衣草 70%

SA9, SA10, SA11, SA12, SA13, SA14, SA15：黄盆花 70% + 紫菀"蒙奇" 30%

S9、S10、S11、S12：鼠尾草"蓝色山脉" 30% + 鼠尾草"吕根" 30% + 鼠尾草"马库斯" 40%

C12、C13、C14、C15、C16、C17、C18：轮叶金鸡菊"月光" 60% + 俄罗斯糙苏 15% + 火炬花"佩尔西的骄傲" 25%

SV8、SV9、SV10、SV11、SV12、SV13、SV14：鼠尾草"蓝色山脉" 70% + 柳叶马鞭草 30%

GP10、GP11、GP12、GP13、GP14：天竺葵"罗珊" 40% + 夹竹桃"蓝色天堂" 35% + 裂叶马兰"蓝星" 25%

GA13、GA14、GA15、GA16：天竺葵"法国土地" 45% + 天蓝鼠尾草 20% + 矮紫菀 35%

花期

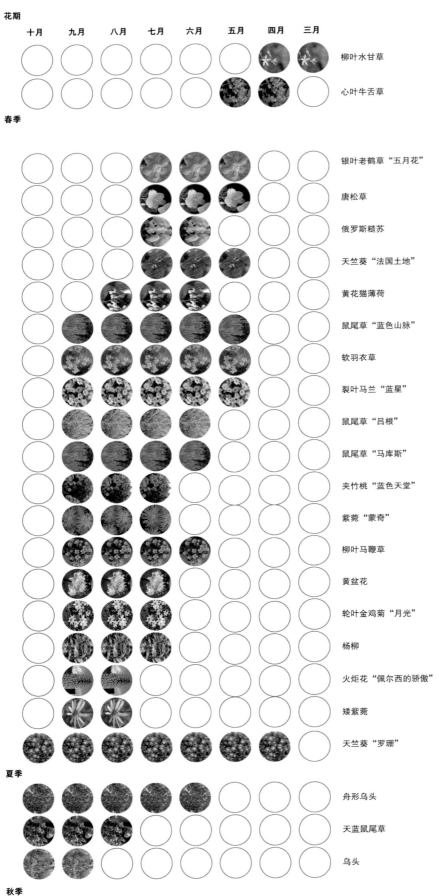

	十月	九月	八月	七月	六月	五月	四月	三月	
	○	○	○	○	○	○	●	●	柳叶水甘草
	○	○	○	○	○	●	●	○	心叶牛舌草

春季

	十月	九月	八月	七月	六月	五月	四月	三月	
	○	○	○	●	●	●	○	○	银叶老鹳草"五月花"
	○	○	○	●	●	●	○	○	唐松草
	○	○	○	●	●	○	○	○	俄罗斯糙苏
	○	○	○	●	●	●	○	○	天竺葵"法国土地"
	○	○	●	●	●	○	○	○	黄花猫薄荷
	●	●	●	●	●	●	○	○	鼠尾草"蓝色山脉"
	●	●	●	●	●	●	○	○	软羽衣草
	●	●	●	●	●	●	○	○	裂叶马兰"蓝星"
	●	●	●	●	●	○	○	○	鼠尾草"吕根"
	●	●	●	●	●	○	○	○	鼠尾草"马库斯"
	●	●	●	●	○	○	○	○	夹竹桃"蓝色天堂"
	●	●	●	●	○	○	○	○	紫菀"蒙奇"
	●	●	●	●	●	○	○	○	柳叶马鞭草
	●	●	●	●	○	○	○	○	黄盆花
	●	●	●	●	○	○	○	○	轮叶金鸡菊"月光"
	●	●	●	○	○	○	○	○	杨柳
	●	●	●	○	○	○	○	○	火炬花"佩尔西的骄傲"
	●	●	●	○	○	○	○	○	矮紫菀
	●	●	●	●	●	●	●	○	天竺葵"罗珊"

夏季

	十月	九月	八月	七月	六月	五月	四月	三月	
	●	●	●	●	●	○	○	○	舟形乌头
	●	●	●	○	○	○	○	○	天蓝鼠尾草
	●	●	○	○	○	○	○	○	乌头

秋季

公园内的观赏性草坪花园里规划了若干个圆形种植区，里面种植了各种多年生植物。其中大部分植物春夏两季开蓝花。植栽设计中包括以下植物：乌头、心叶牛舌草、鼠尾草、马鞭草、天竺葵和紫菀等。秋季有些植物开红花，如景天属和蓼属植物。冬季，观赏性草坪依然绿意盎然，风景如画。草坪和多年生植物都在春季进行修整，植被生长非常密集，野草无处存身。

1~3. 多样化的植栽设计
4. 景观风格简约低调，适合乡村环境
5、6. 植物高低相间，错落有致
7、8. 多种观赏性草本植物

郎沃斯宅邸

景观设计：H2O 设计工作室
项目地点：美国，加利福尼亚州，洛杉矶

植栽特色：
前院重修了车道，采用混凝土拼接，避免出现开裂，缝隙中种植草皮。
后院中，嵌入式栽种的绿色植物零星点缀在蒙德里安风格的橘红色墙面上。

1. 围墙采用塑料仿木材料，墙外的树篱采用罗汉松，外面还有一行绿玉树，中间种植紫叶鸭跖草
2. 各种薄荷科植物
3. 有色混凝土，表面有树叶状雕刻花纹，搭配条状草皮（下层有特殊结构，能够承受机动车的重量）；路缘是裸露的混合骨料，界定出车道的边界

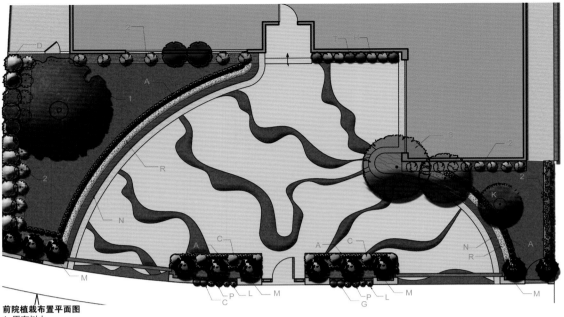

前院植栽布置平面图
1. 原有树木
2. 原有灌木
3. 原有棕榈

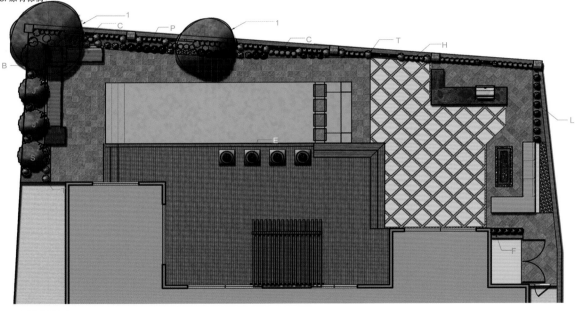

后院植栽布置平面图

洛杉矶的郎沃斯宅邸（Longworth Residence）是一栋独户别墅，坐落在圣塔莫尼卡山脚下。本案的设计内容是对原来传统风格的景观环境进行改造，由美国H2O设计工作室（Studio H2O）操刀。设计目标是将户外景观打造成客厅的延伸空间，为款待宾客营造更多的开放式空间。

委托客户是一户四口之家，生活方式丰富多彩、时尚前卫，希望将现代风格融入其宅邸的景观环境中。原来"L"形的泳池占据了后院，不太实用，设计师将其改造为1.5米深的矩形小型健身游泳池，并增加了SPA区。

项目名称：
郎沃斯宅邸
竣工时间：
2014年
设计团队：
佩吉曼·伯吉斯（Pejman Berjis）、帕里萨·泰莫里（Parisa Teymouri）、埃博尼·萨金特（Ebony Sargent）
面积：
557平方米
摄影：
帕里萨·泰莫里

紫锦草

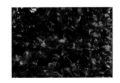
意大利柏树

白花车轴草

黄杨（造型修剪）

薄荷"黑王子"

金苔景天

植物配置表

景观实录

代码	规格	拉丁文名	常用名	数量
A	匍匐生长	Tradescantia pallida 'Purple Heart'	紫锦草	6
B	15克	Cupressus sempervirens	意大利柏树	5
C	5克	Euphorbia tirucalli 'Rosea'	绿玉树	48
D	5克	Westringia fruticosa	澳洲迷迭香	11
E	5克	Buxus sempervirens	黄杨（造型修剪）	4
F	5克	Coprosma repens 'Plum Hussey'	白花车轴草	5
G	15克	Solenostemon 'Black Prince'	薄荷"黑王子"	6
H	15克	Buxus sempervirens	黄杨	19
J	60厘米	Citrus latifolia	波斯青柠	2
K	60厘米	Olea europaea	油橄榄	1
L	5克	Coleus x 'UFO646' P.P. #21,585	红顶薄荷	27
M	15克	Podocarpus henkelii	罗汉松	
N	5克	Zoysia matrella	马尼拉草	11
P	5克	Solenostemon scutellarioides 'Lifelime'	彩叶草	20
R	1克	Sedum 'De Oro'	金苔景天	
S	15克	Citrus x meyeri	柑橘柠檬	21
T	5克	Phormium	新西兰麻	1

罗汉松　　　　新西兰麻　　　　波斯青柠　　　　彩叶草　　　　澳洲迷迭香　　　　油橄榄

红顶薄荷　　　　绿玉树　　　　柑橘柠檬　　　　黄杨　　　　马尼拉草

蒙德里安风格墙面设计理念

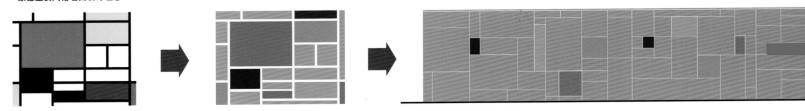

替代蒙德里安主色   将植栽布置成一面蒙德里安墙

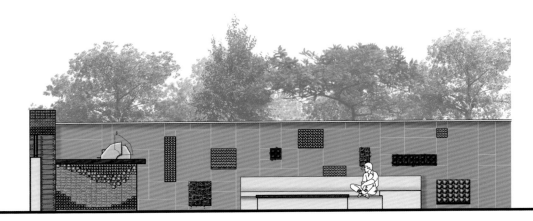

1. 烧烤台立面采用多种多肉植物，营造出流线型植栽造型，顶面采用绿色花岗岩
2. 橘红色的混凝土墙，表面用铝材营造出蒙德里安绘画风格，并采用绿墙种植槽，将多肉植物植入混凝土墙中，灌溉与排水管线分离
3. 全景：泳池、木板平台（采用塑料仿木材料）、户外火炉、长椅以及橘红色的蒙德里安混凝土墙
4. 火炉结构采用绿色花岗岩顶面和绿色防火玻璃

蒙德里安墙立面图

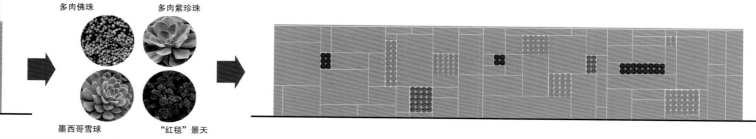

多肉佛珠　　多肉紫珍珠

墨西哥雪球　　"红毯"景天

用各种多肉植物替代彩色单元格　　　　　　　　　　**蒙德里安风格绿墙**

　　设计师将后院营造成款待宾客的地方，设置了宽敞的露台，将客厅和餐厅的空间延伸到后院。这里有座椅、吧台、火坑和绿色植物装饰的墙面。后院原来有壁柱，柱子之间是厚重的墙壁，墙上有木门。要将其改造成现代风格是个不小的挑战。设计师保留了壁柱，外面增加了一层塑料仿木板，顶部安装踏板灯。壁柱三面都有植物装饰。壁柱之间的曲面墙顶部削减了一部分，然后在上面增加了混凝土，营造出连续的水平墙面。设计师在顶部增加了格架，让墙体更有韵律感，下方用植物来装饰，非常美观。整个环境相较之前来说完全焕然一新。后院的一边是蒙德里安风格的橘红色墙面，材料采用混凝土，饰以嵌入式栽种的植物。这面绿墙也是吧台区墙面的一部分。

　　前院进行了彻底改造。原来的混凝土车道有很多地方都开裂了，曾经修复过，现在变成了一系列造型灵活的混凝土条带。原来的车道还有一个问题——车子不好调头，把车开出来的时候不是撞上壁柱，就是压上步道边的路缘石。此外，距此一个街区之外有一所中学，这也给这家人带来麻烦——学生放学回家的途中容易对这家的景观环境搞破坏。设计师采用蜿蜒、美观的混凝土车道，解决了这些问题。车道采用混凝土拼接，避免出现开裂。混凝土表面有树叶造型的雕刻花纹，接缝处嵌入草皮。设计团队为本案专门设计了1米多高的大门和围墙，墙上有很多开口，让别墅正门的空间环境更加亲切、有趣，同时又能避免附近孩童对景观进行破坏。

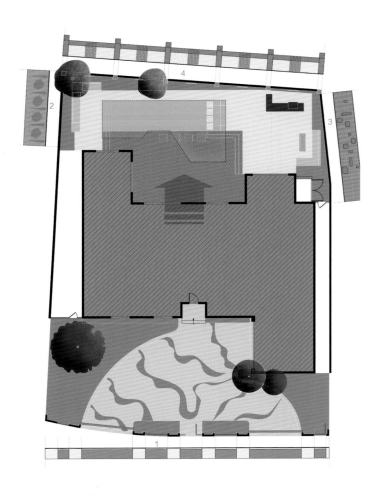

 景观

 泳池

RESYSTA 复合木材

混凝土车道

铺装

座位区

火坑

栏杆

设计理念示意图
1. 前院围墙立面
2. 北侧围墙立面
3. 南侧围墙立面
4. 东侧围墙立面

1、2. 混凝土长椅表面饰以光滑的石膏，搭配彩色靠垫
3. 橘红色的塑料仿木格栅搭配石膏饰面的混凝土墙壁，下方种植多种薄荷科植物
4. 橘红色的塑料仿木壁柱结构，墙壁上方采用绿墙种植槽

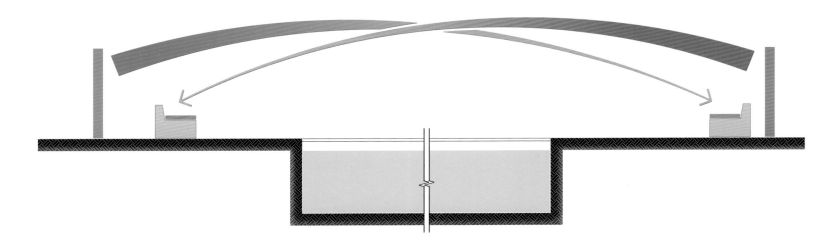

后院围墙立面图

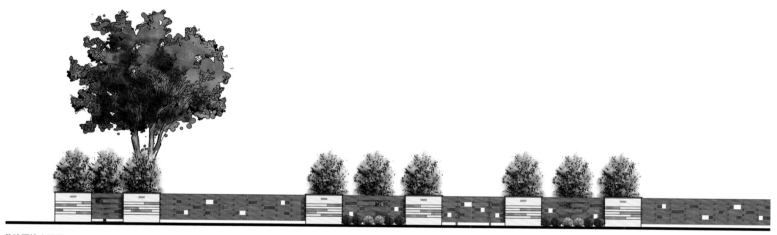

前院围墙立面图

玛希隆大学校园景观

景观设计： 轴心景观事务所

项目地点： 泰国，纳孔普拉通

1. 小径两边绿意盎然
2. 植栽设计丰富多样
3. 原生植物展览广场

项目概述

本案是泰国玛希隆大学的校园扩建，轴心景观事务所（Axis Landscape Limited）将其打造成一座公园，取名为"鲁克哈察先生自然学习公园"（Siree Ruckhachat Nature Learning Park）。玛希隆大学一向关注环境问题，此次计划扩建校园并将基础设施升级，打造成具有区域影响力的公园，面向公众开放，同时推广泰国药用植物的应用。

本案的景观设计可谓重新定义了学习环境，让学习从教室和实验室扩展到大自然中。设计过程得到了当地居民的广泛参与。通过土壤生物工程技术、景观规划与园艺设计相结合，每种植物都能在新的栖息环境中得到适宜的生长条件，同时，学生也能直接接触大自然，在自然环境中学习，教育与药用植物研究得到了重新定义。

设计目标

项目用地原来是一片种植区，生长着800多种本地原生药用植物。本案旨在为药学专业学生建立一间"活的实验室"，让学生能更熟悉泰国药用植物。另外一个设计目标是建立一座研究与信息中心，为其他高校的药学专业和泰国传统医学专业的学生服务，也面向科研人员、健康专家、中小学生以及其他人士开放。

总体规划图
1. 入口广场
2. 教育中心
3. 植物标本馆
4. 科研办公楼
5. 展览广场
6. JK 广场（Dr. Javaka Komarabhacca）
7. 户外学习阶梯广场
8. 原生草本植物
9. 医疗 SPA
10. 湿地 / 禽鸟栖息地
11. 草本植物花园
12. 赏鸟塔楼
13. 木板道
14. 残障人士草本花园
15. 藤本植物花园
16. 养护庭院与苗圃
17. 水闸控制
18. 停车场
19. 自行车停放处

项目名称：
玛希隆大学校园景观
竣工时间：
2014年12月
建筑设计：
SJA+3D建筑公司、Sthapavich建筑公司
工程设计：
高峰工程公司（Pinnacle Engineering Co., Ltd.）
委托客户：
玛希隆大学物理环境部（Physical and Environment Division, Mahidol University）
面积：
22.4公顷
摄影：
阿纳瓦·佩苏万（Anawat Pedsuwan）、伊卡才·亚皮莫（Ekachai Yaipimol）、尼蓬·法克拉昌（Niphon Fahkrachang）、蒂马蓬·瓦克拉廷（Theemaporn Wacharatin）

用地环境

用地毗邻一条交通干道，为校内的宿舍隔离了噪声和灰尘，起到屏障的作用。这是一片未经开发的土地，占地约22.4公顷，其中三分之一是湿地，长满香蒲。这片湿地是上百种迁徙鸟类和其他野生动物的栖息地。

由于建筑废料和倾倒垃圾的堆积，项目用地受到污染，地下水水位很高，土壤较软，盐分较高。玛希隆大学医学系利用这片土地的一部分来种植药用植物。不过，这片土地仍然亟待修复。

1. 入口广场
2. 草皮透水铺装
3. 小径以多彩的植被为边界
4. 特色花池

湿地植栽设计示意图

中国海南岛正红树

海红豆

竹芋

青葙

多刺鹰爪花

软毛柿"格里夫"

山芝麻

小花老鼠

蚂蚁树

山管兰

红花文殊兰

荷花

鸢尾花

箭根薯

水胡满

剖面图 –C

土壤修复与雨水处理

　　用地上原有的植物根系很浅,叶片发黄,生长状况已经很不健康,这是含盐土壤和地下水位较高造成的。本案的景观设计师和土木工程师开展了紧密合作,共同寻求解决这一问题的方法。清除了建筑废料,回填土壤。采用土工合成材料,提高土壤的稳定性和承载能力,有助于土壤回填与修复,能增加营养物,为植物根系留出更深的空间。设计师在用地四周设置了沟渠,利用水闸,控制用地内池塘的水位。这样,就能保证内部的水位低于外部,以此控制地下水的水位。树坑中设置了暗管排水,稀释土壤中的盐分。土壤专家和园艺家也参与了本案的设计,专门配制了多种特殊土壤,适合不同的植被种类。

1~4. 多种湿地植被
5. 游客可以沿着蜿蜒的木板道欣赏水景

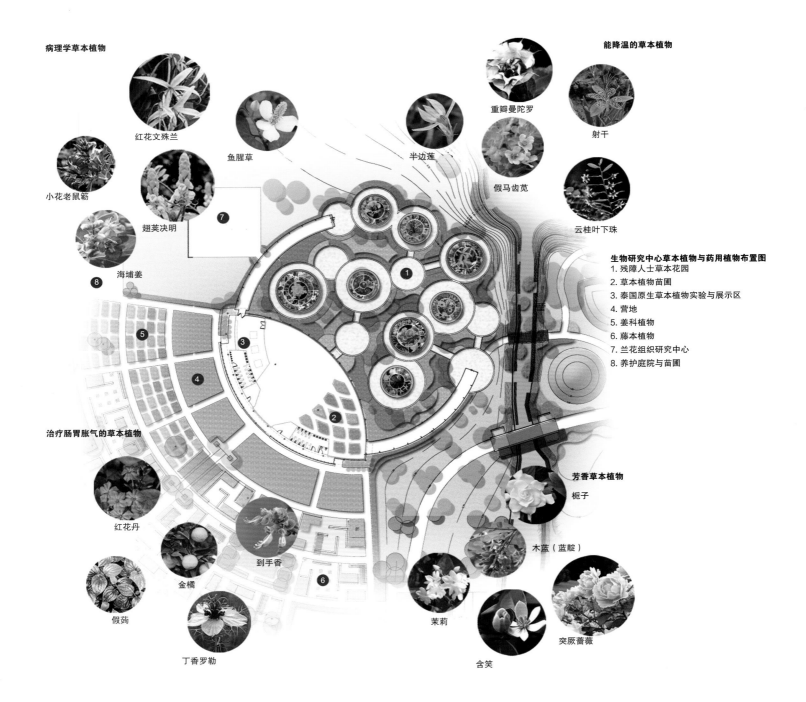

病理学草本植物

红花文殊兰

鱼腥草

小花老鼠簕

翅荚决明

海埔姜

半边莲

假马齿苋

重瓣曼陀罗

能降温的草本植物

射干

云桂叶下珠

生物研究中心草本植物与药用植物布置图
1. 残障人士草本花园
2. 草本植物苗圃
3. 泰国原生草本植物实验与展示区
4. 营地
5. 姜科植物
6. 藤本植物
7. 兰花组织研究中心
8. 养护庭院与苗圃

治疗肠胃胀气的草本植物

红花丹

金橘

假蒟

到手香

丁香罗勒

茉莉

含笑

芳香草本植物

栀子

木蓝（蓝靛）

突厥蔷薇

功能区设置

项目用地上规划了三大功能区，分别是：

·药用植物学习中心

这个区域包括：展览厅、接待中心、礼堂、标本馆、图书馆、休闲中心、户外教室以及原生植物展示广场。两栋老建筑经过改造，变成了标本馆和植物图书馆。

·湿地与自然栖息地

蜿蜒的木板道设置在水边，走过这条步道，沿途就能看到许多水生植物，包括纸莎草、美人蕉、莲花、日本棕榈、白菖蒲和海滨刺芹等。湿地保护区是野生生物栖息地，这里有冬季来自中国的迁徙鸟类以及其他各种动物。

·药用植物遗传研究与服务中心

这个区域包括：药用植物展览园区与广场、实验室以及为中小学生准备的露营区。孩子们可以在实验室中尝试制作基本的药物并带回家。

原生药草与药用植物展览

本案的设计初衷是让各种校园活动融入用地上原有的自然生态环境。大部分用地上都种植了密集的乔木和灌木。植物由专家挑选并分类。小型的、不必

1、2. 药用植物展示区
3. 药草花园

要的植物进行了移栽,让自然光线能够接触地面,也留出更多空间用于植物展览。

新的植栽设计营造了全新的景观环境,也推广了使用生活中常见的本地原生药草作为制药原料的意识。植物展览多种多样,有高地植物、低地植物、湿地植物和水生植物等。

公共利益

本案的设计与施工过程十分复杂,仰仗委托客户、植物专家、药剂师、自然医学博士以及园艺家等各方的帮助与协作才得以成功进行。通过营造在大自然中的学习体验,本案传递了"自然医药"的理念。同时,本案还采用了通用的设计手法,让所有人都能利用这片土地。

这片园区面向公众开放,有助于促进校园与周围社区的交流互动。对于附近居民乃至该地区的所有人来说,这里也是适合学习与休闲的一片大型绿色开放式空间。

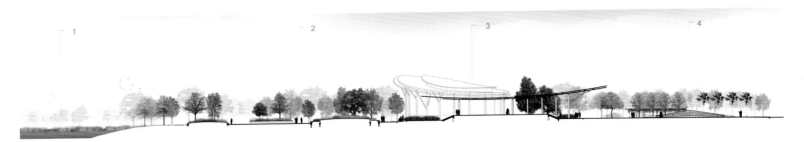

剖面图 –A（入口广场）

剖面图 –B（展览广场）

剖面图 –C（湿地）

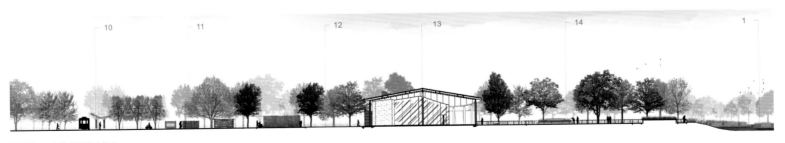

剖面图 –D（草本植物广场）

1. 湿地 / 禽鸟栖息地	8. 木板道
2. 展览广场	9. 草本植物花园
3. 教育中心	10. 公共汽车站
4. 入口广场	11. 藤本植物花园
5. JK 广场（Dr. Javaka Komarabhacca）	12. 多功能草坪
6. 户外学习阶梯广场	13. 草本苗圃
7. 原生草本植物	14. 残障人士草本花园

1. JK 广场（Dr. Jivaka Komarabhacca Plaza）适合户外学习
2. 多样化的植物搭配注重色彩的组合

1. 浮根，因为地下水位较高，土壤含盐量较高　　2. 安装水闸，降低内部池塘的水位土壤回填　　3. 安装地下排水管道，为树坑和种植区排水　　4. 土堆，上面的植物有更大的根系生长空间　　5. 采用高品质的土壤和肥料　　6. 利用湿地植被保护滨水区，改善池塘生态环境　　7. 通过灌溉和排水过程，稀释土壤

青岛小镇南入口迎客公园

1. 芳草园
2. 通往青岛小镇的主路

景观设计：LD景观设计公司

项目地点：中国，青岛

    按照柯本气候分类法（Köppen Climate Classification），青岛属于温带气候区。东京北部以及日本西部的一些地区也属这类气候，所以我们是根据我们在日本的经验来选择植物的。尤其是"芳草园"，我们尽量做到让草坪与原有的芒草既和谐统一，又形成反差效果，在植物品种的选择上侧重叶片的颜色和质地。入口通道边种植了一片竹林，让景观环境实现了从山脉到建筑的自然过渡，而标志性的树木又将我们的视线引向远方的山脉。此外，用地与附近村庄之间采用厚厚的植被层作为屏障，营造出围合空间的感觉。

——吉田谦一

项目名称:
青岛小镇南入口迎客公园
竣工时间:
2012年
主持设计师:
吉田谦一
委托客户:
青岛万科房地产有限公司
面积:
10公顷
摄影:
孙建伟

植栽布置平面图
1. 滨河雨水花园
2. 林地花园
3. 外围绿化带
4. 林地边缘
5. 开阔林地
6. 芳草园
7. 中央花园
8. 阶梯花园
9. 果园
10. 竹园
11. 小山
12. 竹园
13. 果园
李树、杏树,高度:4米
毛竹 梨树 杏树

14. 阶梯花园
茶树、杜鹃
15. 芳草园
基因兰草、海湾乱子草
16. 滨河花园,高度:6~8米
水杉、合欢、五角枫、金丝垂柳
17. 外围绿化带
速生杨(高度:8米)、雪松(高度:6米)
槐树(高度:6米)
18. 林地花园 (高度:5~8米)
沈阳桧柏、白皮松、花楸、榆树、紫叶李、
海棠、枣树、黄栌
19. 林地边缘/开阔林地/中央花园/小山
樱花、梨树、紫薇、悬铃木、柿树、榆叶梅、
碧桃(高度:4~6米)

青岛小镇(Tsingtao Pearl)是青岛万科房地产有限公司在青岛开发的一个多功能高档楼盘。开发项目占地250公顷,用地上从前有几个古老的花岗岩石场,地形起伏,毗邻山东珠山国家森林公园。本案由LD景观设计公司(Landscape Design Inc.)操刀,设计内容涵盖游客中心周围10公顷的地块,包括项目开发前期修建的入口通道。

设计目标是保留当地原有的地形地貌,尽量不改变地势,同时采用本土材料,包括桥梁、墙壁和地面铺装所用的石材,取自用地自身以及当地采石场。本土材料的使用有助于让景观环境与用地原本具有的独特形象相协调。除了使用裸露的花岗岩之外,也大量采用当地其他天然材料。石材完美地融入了原有的绵延梯田,二者合而为一,使人感觉仿佛游客中心就建在梯田上,从视觉上弱化了地势的起伏效果。而且,这样的设计也让山景更显壮观。

1~3. 多样化的植栽布置

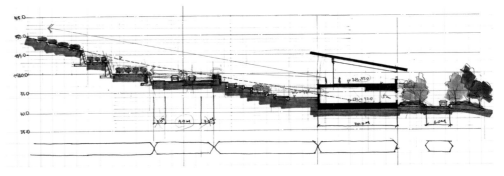

手绘图

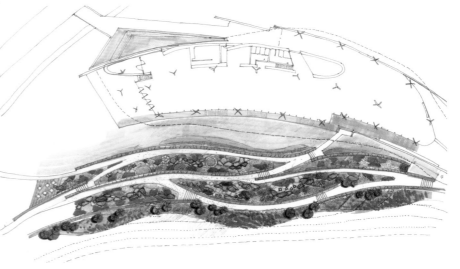

手绘图

用地上的花岗岩石材是设计师可以发掘的潜在资源，景观环境必须与之统一，与周围环境的氛围相融。岩石山脉山顶上的表层土非常薄，山上主要生长能够适应贫瘠土壤的低矮松树和草皮。青草从山脚下绵延到山顶，在微风中摇摆，这是设计师调查用地情况时见到的最美的景象之一。

因此，设计师在游客中心旁边规划了一片"芳草园"，让入口更好地融入周围的自然景观。尽管"芳草园"中没有多少本地原生草种，但是，色彩缤纷的草坪充分展现了大自然的丰富多样，凸显了建筑与景观的和谐共融，让近

1. 芳草园与售楼中心
2. 竹园
3. 道路绿化

1:4000

总平面图

1:400

剖面图 1-1

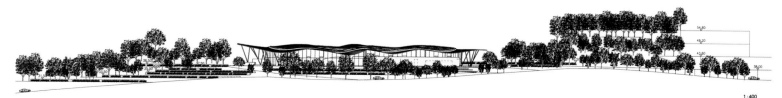

1:400

剖面图 2-2

1:400

剖面图 3-3

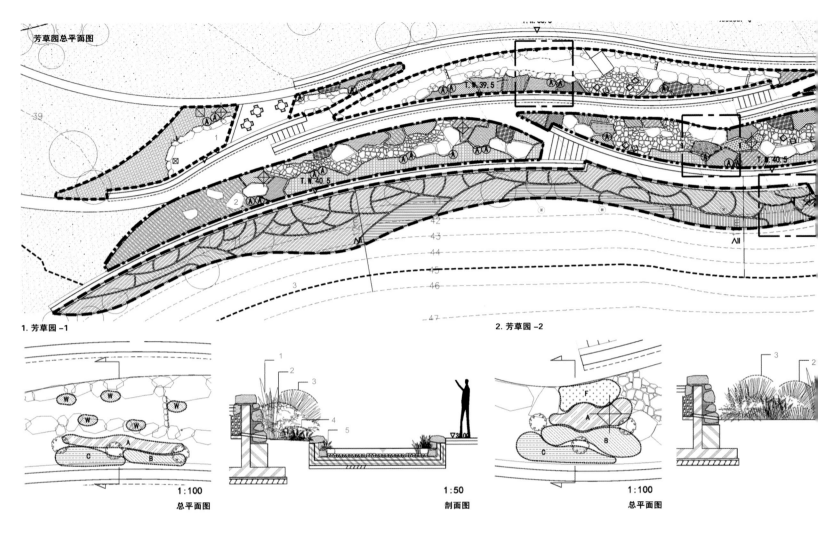

芳草园总平面图

1. 芳草园 –1

2. 芳草园 –2

1 : 100
总平面图

1 : 50
剖面图

1 : 100
总平面图

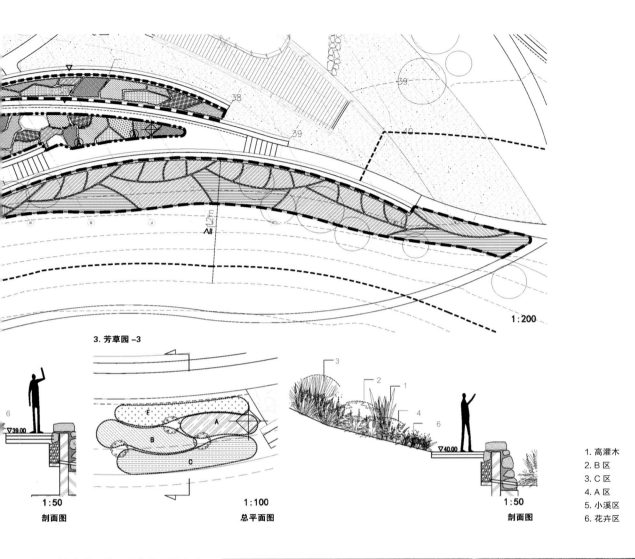

1 : 200

3. 芳草园 –3

1 : 50
剖面图

1 : 100
总平面图

1 : 50
剖面图

1. 高灌木
2. B 区
3. C 区
4. A 区
5. 小溪区
6. 花卉区

景与远景合为一体。原有的果树移栽到园中各处，地势连绵起伏，更显出空间的和谐之美。

设计师在与项目团队进行了充分的协商与合作后，对项目用地的其他地方也提出了一个整体规划案。

1、2. 多种草本植物，色彩多样
3. 植物随风摇摆

芳草园 –1

植物代码		规格（高度单位：毫米）	植物名称
小溪区	W	高度：150~400	短瓣千屈菜
			拂子茅
			东方鸢尾
			日本鸢尾
			大吴风草
			大黄花虾脊兰
			蒙大拿玉簪
			圆叶玉簪
			短葶山麦冬
A区	A	高度：400~700	薄叶荠
			金知风草
			甘露子
			拂子茅
			石林冷水花
			晨光芒
			狼尾草"小兔子"
B区	B	高度：500~800	大叶马兜铃
			佛罗里达锦带花
			抱茎蓼
			绣球花
C区	C	高度：600~1000	日本绣线菊
			日本小叶黄杨
			柳枝稷
			小盼草
高灌木		高度：1200~1500	细茎针茅"马尾"
			斑马芒

芳草园 –2

植物代码		规格（高度单位：毫
花卉区	F	高度：150~400
A区	A	高度：400~700
B区	B	高度：500~800
C区	C	高度：600~100
高灌木		高度：1200~150

芳草园 –3

植物名称
短瓣千屈菜
拂子茅
落新妇
兰香草
琉璃茉莉
红景天
堆心菊
金叶苔草
亮叶忍冬
"美人柠"忍冬
红尖亮叶忍冬
滨藜叶分药花"小尖顶"
"金条"芒草
狐尾大麦
东方狼尾草"卡莉玫瑰"
紫叶小檗
圣诞欧石楠
蓝靛果忍冬
金光菊
鹤冠兰
裂稃草
日本小叶黄杨
深紫楼梯草
紫芒
矮蒲苇

植物代码		规格（高度单位：毫米）	植物名称
花卉区	F	高度：150~400	金叶苔草
			苔草"杰尼克"
			褐色卷叶苔草
			白茅
			蓝羊茅
			斑叶麦冬
			羊茅
			芦竹"金链"
A区	A	高度：400~700	狼尾草
			"金条"芒草
			狐尾大麦
			金知风草
			拂子茅
			狼尾草"哈默尔恩"
B区	B	高度：500~800	狼尾草"红纽扣"
			东方长叶狼尾草
			细茎针茅
			蓝刺头
C区	C	高度：600~1000	抱茎蓼
			裂稃草
			狼尾草
高灌木		高度：1200~1500	斑纹蒲苇
			大针茅

＊以上为设计规划阶段的植物列表

世贸中心史基浦机场室内花园

景观设计：路兹&范弗利特设计工作室

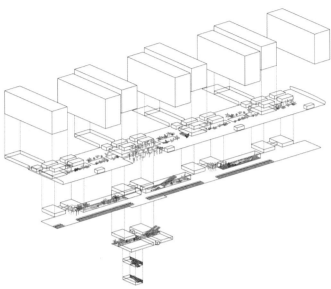

建筑结构与室内景观示意图

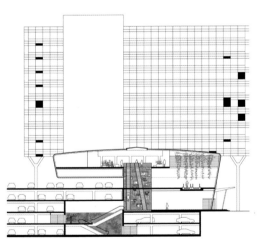

垂直景观设计

世贸中心史基浦机场（WTC Schiphol Airport）是荷兰重要的国际机场。本案的设计旨在体现并强化其重要地位。为此，必须让机场的租户和旅客在一个核心空间内充分感受到环境的便利、舒适与活力。这个空间是对机场原有功能区的补充，同时，也要代表机场的形象，营造出美观、舒适的环境氛围。本案在航站楼的中心建造了一座室内花园，营造出形象鲜明的、可持续的、轻松愉悦的景观环境。室内花园中，景观设计可以分为三种类型：中庭、景观层和网络花园。

项目地点：荷兰，史基浦　　　　　　　　**设计时间：**2013年　　　　　　　　**委托客户：**世贸中心史基浦机场

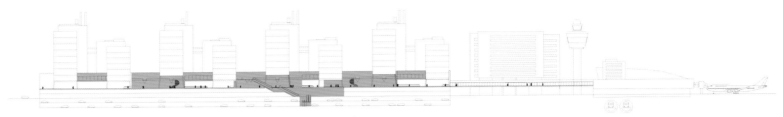

绿色中心区

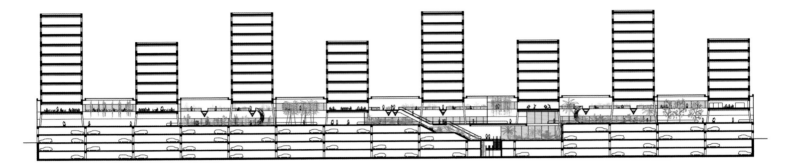

水平景观设计

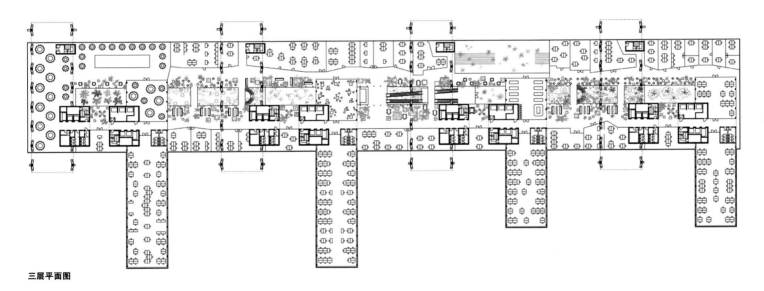

三层平面图

一系列的中庭对于旅客在世贸中心和史基浦机场内的方向定位非常重要。每个入口都设计成不同的景观类型，各具特色。第一个中庭采用攀援类植物，第二个采用竹子，第三个用悬垂植物（机场主入口也用这类植物），第四个种植一棵大树。植物的种植方式旨在使其视觉效果最大化，占用面积最小化。

景观层是个衔接元素，不论是对世贸中心还是对机场来说，都提高了可见性。这个层次笼罩在绿色的环境氛围中，同时在特点和植栽类型上又富于变化。空间两端的景观特点是地中海风格，采用多肉植物。中间逐渐过渡成茂盛的亲水植物，以清新的蕨类和观叶植物为主。设计将中间的水体作为衔接元素，层叠小瀑布与水台阶不同层次分布。停车场入口设计成洞穴状，墙面覆满青苔。

网络花园设置在中央的区域，将所有的公共性功能区连接起来。高而窄的花池设置在末端，种植多肉植物。矮而宽的花池则靠近中央，种植清新的观叶植物，包括具有皇家特点的橙色花卉。植栽也将网络花园与景观层衔接起来，大大改善了这个层高上的空间定位问题。花池营造出舒适宜人的小空间，适合交谈、用餐或休息。植栽烘托出轻松愉悦的氛围，带来清新的气味，也改善了楼内微气候。

科威特市阿尔·沙希德公园（Al Shaheed Park）内的"宪法花园"

从植栽到绿景

文：亚历山大·特里维力

"那天很冷，但阳光明媚，周围的景色让人不敢触碰——树木、田野、岩石仿佛都给冻脆了，似乎一阵狂风或者稍有颠簸就能听见玻璃破碎的声音。好像是玻璃中的气流震动着赛神托汽车的引擎；大黑鸟仿佛在玻璃迷宫中飞翔，突然改变方向，或极速俯冲，或盘旋直上，就像困在看不见的围墙里。"【列昂纳多·夏夏（Leonardo Sciascia），《猫头鹰的日子》（Il giorno della civetta），1961年】

景观环境，不论是被人类改造的自然环境还是城区环境，都是进行公共活动的地方。如果我们从这个角度来看待景观设计，它与建筑设计就有许多共同点，而后者一向在地域文化的体现中扮演着重要的角色，这种文化的演变与传承是人类思想的物质体现和艺术体现。建筑和景观设计这两个学科总是有着千丝万缕的连系，在"城市设计"领域中更是合而为一。公共空间中的任何设计都能或多或少地体现出这种关系。如果我们在历史长河的各个阶段中来看这种关系，在某些阶段我们就会发现一些或积极或消极、或喜悦或悲伤的插曲，就像在我们每个人的生命中都有这样的插曲一样。就空间本身来说，其使用是公共性的，但是一般情况下，进行的还是个体的活动。这些空间的设计手法及其形象面貌的形成可能大有不同，但是很少是公共行为的结果，大多是个体或者一个小群体去解读公共需求，然后按照这种需求去构建适合的空间。这个空间形象的形成可能要取决于不同的设计方式及其代表性的技术手法以及施工中涉及的或复杂或简单的手段。

那么，是谁在城市环境中划出一片空间，再具体来执行空间的设计呢？这个人就是景观设计师。法语里把景观设计师叫做"paysagiste"，这个词的含义更加广泛，法国景观设计协会（FFP）对此有具体定义。如果我们想在英语里找到对应的词，那可能就是"Landscape Architect"了；而德语里称之为"Landschaftsmaler"，更偏重"艺术家"的身份；在意大利语里是"paesaggista"，其定义涵盖了摄影、

科威特市阿尔·沙希德公园（Al Shaheed Park）内的"宪法花园"

科威特市阿尔·沙希德公园（Al Shaheed Park）内的"宪法花园"

科威特市阿尔·沙希德公园（Al Shaheed Park）内的"宪法花园"

绘画、空间规划和园艺等方面。事实上，这些称谓都涉及一个核心概念，那就是：景观设计师心中形成的心理意象决定着城市空间的开发；"建筑周围的空间包含着一套完整的自然生态系统，人也在这个空间内活动——所谓景观当如是。"这里之所以说到"意象"，主要是因为我们针对空间不论采取什么手段或行动，总要首先有个意象，我们能用线条大概描绘出轮廓，至于这个轮廓有多精确，要取决于设计项目的规模和目标。如果是城区设计，那么这个轮廓在细节上就会比较明确，其各个组成部分都是动态的空间元素。这样，景观设计就朝向建筑迈进了关键的一步，从某种程度上说，甚至可以预期现代建筑设计手法在景观中的应用。想到公共空间景观，就不能不想到三维空间，人们利用这个景观环境的时候就要不断从这个三维空间中穿过，这个空间与相邻的环境也有着割不断的视觉关联和实体关联：人们从相邻空间中走来，进入我们设计的景观环境，再走入相邻空间中去。而景观环境的设计也离不开第四个维度——时间。时间因素影响着设计的方方面面。

绿色空间的设计意味着介入生活元素，不只是周围的建筑。建筑是一些有体积的对象，它们会变化，会改变比例和外观，有时甚至改变与周围环境的关系，它们积极地参与地球生态系统的活动，参与人的生活。"硬景观"、植栽和水景可以从很多角度来看待，但无论如何，都离不开环境和文化，我们是在环境和文化的背景下去改变项目用地中每个部分的未来。不论是总体的概念设计还是具体的技术细节，我们都应该铭记环境的作用。我们在特定的环境中设计，意味着我们身在那个环境之中，即使你离开那个环境，即使你在寻求适当的解决方案时对现代公共空间的含义有了新的诠释。在我们的设计公司，我们常常面对千变万化的复杂环境，不论是文化还是气候。这里我要谈的不是空间的形态，而是构成空间的自然元素，我们称之为"绿景"。

空间的适应性让我们总能有不同的选择。大多时候，我们应该仔细考虑的，除了这些选择的独创性之外，还应该考虑到环境的影响、新增元素的作用以及这些新元素之间的关系。我们近期作品中最特别的一个恐怕要数科威特那个项目，不论是文化、气候、习俗，还是公共空间的使用方式等方面，我们都面临着巨大的挑战。在面临不同选择的时候，我们采取的方式是去诠释环境因素，研究当地人对这片空间的使用方式。极端的气候、水资源匮乏以及沙漠土壤等条件，都不是兴建公园的有利因素，尤其是这座公园，是为宪法周年纪念而修建的政府工程，代表着这个国家和民族。我们选用了一些具有象征意义的树木，包括棕榈树和橄榄树。棕榈能够适应气候变化，而橄榄树则能在当地激发回忆与共鸣，也能适应当地环境。一般来说，植栽要根据植物抗寒带分区来选择，但是在这个项目中，太阳辐射和温度的条件都很恶劣，正常选择的话，植物会很难存活。橄榄树运到用地的时候，我们非常惊讶地听说所有的树木都用水冲洗过，洗掉根系上黏连的土壤，因为这些树来自"穆斯林区"。另外，这些橄榄树还被

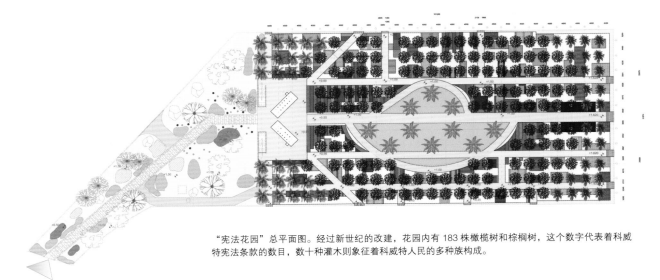

"宪法花园"总平面图。经过新世纪的改建，花园内有183株橄榄树和棕榈树，这个数字代表着科威特宪法条款的数目，数十种灌木则象征着科威特人民的多种族构成。

人剧烈摇晃过，没过几周，树叶就掉光了。我们想要营造一片宽敞的阴凉区，让人能在这里停留、休闲、放松，而以前在这个区域，由于气温过高，人们是不会这样做的。面对低湿高温的情况，为了改善温度和湿度条件，我们利用海水，通过反渗透系统过滤后，补充大型镜面喷泉以及公园各处散布的喷水器的用水。土壤也是个难题。这里的土壤条件极其恶劣。虽然土壤的补水和排水情况都很好，但盐度太高，过强的太阳辐射让土壤过于夯实。土地的问题可不是小问题，这里尤其如此。我们使用了大量肥料，还在土壤深处埋入缓释化肥，这样，土壤的改良效果就长时间不会消失。我们采用大面积的灌木、禾本植物和草本植物，以此减少太阳光线对土地的直射。其中，灌木的品种丰富多样，象征了科威特的多民族构成。爱树的人们可以在这里停留，在橄榄树下欣赏新枝嫩叶营造的美景。

一般来说，我们在植栽的选择上会注重"关联性"。显然，所有的选择，不论是乔木还是灌木，都必须遵循目前通用的"好园丁技术规范"，关于落叶植物和常绿植物、喜阴与喜阳、土壤、耐寒性等问题，都有详细的介绍，只要知道你所设计的环境所在地即可。如今，这些技术手册和相关资料数据库在数量和质量上都很完善，使用其他工具或者网络也能获得所需信息。单独任何一篇文章所含的技术信息都不足以帮你完成一个复杂空间的设计。我们对植栽的最终选择旨在达到实体环境与文化氛围的兼顾与平衡，注意所用植物在当地是否有特殊意义，在文化涵义、当地印象、生态特征、象征、体量、色彩、造型、常见度等方面，都要考虑使用者的体验以及植物自身的生长。

参考文献：
1. http://fr.wikipedia.org/wiki/Paysagiste
2. http://www.f-f-p.org/fr/paysagiste-concepteur/definition/
3. http://iflaonline.org/about/
4. http://it.wikipedia.org/wiki/Paesaggista
5. 吉尔·克莱芒（Gilles Clement），《花园在行动》
（Il Giardino in movimento），第36页，2011年，Quodlibet出版社。
6. 南澳大利亚植物园（Botanic Gardens South Australia），
http://plantselector.botanicgardens.sa.gov.au/
7. 美国农业部自然资源保护局（USDA Natural Resources Conservation Service），
http://plants.usda.gov/java/
8. 英国皇家园艺协会（Royal Horticultural Society），
https://www.rhs.org.uk/plants/search-form

"宪法花园"施工现场
文中照片及技术图由 SdARCH 设计事务所提供

亚历山大·特里维力

亚历山大·特里维力（Alessandro Trivelli），1990年毕业于米兰理工大学（Politecnico di Milano）建筑系，2000年取得建筑工程专业博士学位，毕业论文探讨了可持续建筑问题。自2002年以来，特里维力一直担任米兰理工大学建筑工程学院客座教授，1997年与人合伙创办SdARCH设计事务所（SdARCH Trivelli&Associati），涉猎范围包括建筑与景观设计。在设计与研究工作中，特里维力一贯关注建筑、景观以及相关技术的环境可持续性问题。此外，作为"欧洲生态智能建筑与可持续住宅"研究的参与者，特里维力还活跃于欧共体研究计划（European Community Research Program）的各项研究活动中。

屋顶花园采用低密度种植

屋顶上的绿色魔法
——浅谈屋顶花园植物景观设计

文：乔吉奥·斯特拉帕佐恩

城区环境中水平景观层的开发新趋势让我们得以探究建筑与自然之间更紧密的关系，去追求人与自然的合一、生物多样性的保护、可持续性的研究、健康以及市中心区生活环境的改善。可持续绿化以及建筑与景观的关系课题的发展，衍生出城市植物景观设计领域的各种生态技术创新手法。

在过去的几年中，绿色屋顶的课题已经愈发重要了，建筑师、设计师和建筑商都对绿色建筑倾注了越来越多的关注。事实上，城市化的进程让我们不得不去创造和开发绿色环境，把建筑在城区中占用的绿地弥补回来。

联合国预计，到2030年，世界上50%的人口都会居住在城市中，也就是说，原本居住在乡村的人口会被"驱赶"到城市。他们往往觉得城市的生活条件会比乡村好很多。他们期冀着高收入的工作、有更多机会提高生活水平、健全的医疗以及孩子更好的教育。这些新的城市居民离开了乡村自然的生活环境，来到不适宜人类居住的城市环境。那么，在城市环境中，我们如何去改善空气质量，让新鲜的空气取代环境污染、交通拥堵的窘境呢？答案就是：绿色屋顶的"生态技术绿化"。

有两种类型的绿色屋顶，我们可以根据景观设计、实际需要、养护条件和屋顶的情况等因素来选择。这两种类型的绿色屋顶有很大不同，分别是：

·粗放型绿色屋顶（绿色屋顶）：低密度，养护需求低，几乎不需灌溉。选择这类绿色屋顶主要是着眼其功能，这种屋顶轻薄，养护方便，同时，植物和花卉的组成也能很多样，而不是只用各种景天属植物。

屋顶种植草本植物

植物根系繁茂生长

文中照片及技术图由 VS 建筑事务所提供

·密集型绿色屋顶（屋顶花园）：高密度，可以铺设草皮，选用"绿毯"类植物以及树干较高的植物。这类绿色屋顶可以营造出真正的"屋顶花园"，同时，灌溉需求和养护需求也不高。很多屋顶花园中会留出一小块平整的草皮（规格：50×30厘米，厚度只有2~3厘米），栽种一株灌木，比如六道木属、香料科属或柑橘属的植物，这些植物的根系只会深入下方5厘米，灌溉只需一根滴管。草皮铺设完成后，上面要铺一层碎石（直径20~25毫米，厚3厘米）。其他任何裸露的表面都可以用景天属植物覆盖。

不论哪种绿色屋顶，都可以设置步道以及游乐休闲区，让屋顶环境更加宜居。从景观设计师和工程承包商的角度来说，绿色屋顶的设计和施工应该注意以下几点：

·如果是粗放型绿色屋顶，要注意植被构成的丰富性，可以搭配重量在每平方米100千克以下的灌木和乔木，不能超重，以便控制建筑支承结构的体量

·保证施工方便快捷，即使是不熟练的工人也能在短时间内很好地完成施工

·选用植物的品种要易于养护，无需过多灌溉。这样就能降低建筑在使用周期中管理和养护植被所需的费用

·绿色屋顶的结构构成可以任意设计，无需使用任何指定的合成材料

·由于新的绿色技术产品可以实现大规模生产，购买与安装的成本可以很低廉

除了平整的草皮以外，绿色屋顶的"生态技术绿化"还必须有其他一些构成要素，包括：

·机械保护层：防止根系过度生长

·排水层

·过滤层：将栽种介质与排水层分隔开

·栽种介质（5厘米）

·"绿毯"式植被层：小块草皮规格为50×30厘米，厚2厘米；植物高度为40~70厘米（根据特定环境选择适宜生长的植物品种）。建议栽种密度：每平方米栽种一株植物，形成点状种植结构

·滴灌或地下灌溉设备：包括配电盘、自动补偿滴管（间距：15厘米）、喷水器（每小时1升）及各种配件

·碎石层：中型碎石，直径25~30毫米，用量约为每平方米30升，覆盖栽种基质。碎石的大小和颜色一定要有助于植物营造良好的"微气候"。建议使用来自采石场的碎料（含尘量低于1%），以及不含有机物质的材料（碳酸钙含量高于90%，硅酸盐含量低）

·混合型景天属植物插条（密度：每平方米100克），可以直接购买，安装于植物之间的空隙

乔吉奥·斯特拉帕佐恩

乔吉奥·斯特拉帕佐恩（Giorgio Strappazzon），意大利建筑师，VS建筑事务所（VS associati）创始人，1988年毕业于威尼斯建筑大学（University Institute of Architecture of Venice），1992年与法布里奇奥·沃尔帕托（Fabrizio Volpato）合伙成立了VS建筑事务所。自创立至今，VS建筑事务所涉猎了大量建筑工程的设计，客户既有私营企业也有政府机构，在业界赢得了良好的口碑。VS建筑事务所一贯注重设计品质，致力于寻求创新性、现代化的解决方案，同时注重设计视野的开阔性，关注建筑的环境背景和历史文脉。

成都水生花卉展。景观设计：路兹 & 范弗利特设计工作室；建筑设计：范莫利克建筑事务所（Architecten van Mourik）

环境、色彩、搭配
——植栽设计面面观

文：玛汀·范弗利特

环境

　　植栽设计是景观设计的一个重要组成部分，设计中对周围环境的关注至关重要。要想选择适当的植栽，需要分析布置植栽的景观类型，才能决定你的植栽设计在景观环境中是否适宜。

　　环境主要是指当地生长的常见植被，可能是本地原生植物，也可能是外来物种，同时，土壤和气候也是重要的环境因素。土壤决定了植物的生长情况。比如说，有些植物适合在重黏土中生长，而不适合干沙土。环境对植物的选用起到重要的作用，进而决定了景观环境的形象，也能突出景观设计的特点。景观设计中常用的植栽类型包括：法国南部的松树、芬兰的桦林、荷兰的湿地以及中国各地的竹林等。植栽设计应该是根据每个地方的特点进行因地制宜的调整，不能原封不动地复制到别处。

　　另外，植物的选择还应该考虑其使用价值和维护需求。植栽设计还能起到提升社会凝聚力的作用，比如说，社区居民能通过一起采摘苹果来增进交流。

人文与自然

　　根据地理位置、周围环境和设计选择的不同，可以营造适当的环境氛围，突出你的设计。通过选择异域植物或本地原生植物，环境氛围可以偏人文，也可以偏自然。北京市中心广场的植栽选择就必与苏州湿地的植栽不同。此外，还可以根据设计的主题来选择植物。比如，我们设计的成都水生花卉展就全部选用水生植物，既有人文气息，又兼顾了自然美景。

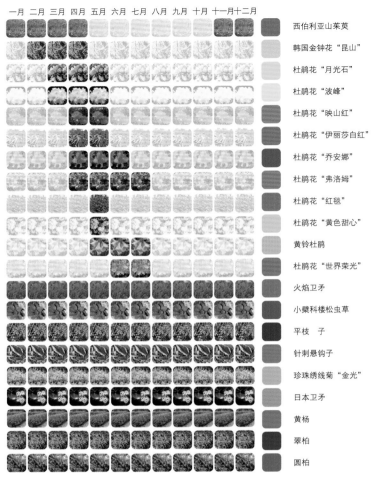

一月	二月	三月	四月	五月	六月	七月	八月	九月	十月	十一月	十二月		

西伯利亚山茱萸

韩国金钟花"昆山"

杜鹃花"月光石"

杜鹃花"波峰"

杜鹃花"映山红"

杜鹃花"伊丽莎白红"

杜鹃花"乔安娜"

杜鹃花"弗洛姆"

杜鹃花"红毯"

杜鹃花"黄色甜心"

黄铃杜鹃

杜鹃花"世界荣光"

火焰卫矛

小檗科楼松虫草

平枝子

针刺悬钩子

珍珠绣线菊"金光"

日本卫矛

黄杨

翠柏

圆柏

首尔韩华广场"植栽日历"。景观设计：路兹 & 范弗利特设计工作室；建筑设计：UNStudio 建筑事务所

首尔韩华广场。景观设计：路兹 & 范弗利特设计工作室

持久性

使用无限资源（比如植物）是户外环境可持续设计的终极目标。一定要与周围建筑物相协调，融入周围环境。生物多样性和茂盛的植物在很多方面都对可持续的公共空间大有裨益。绿色屋顶和外立面有助于在城区环境中建立城市生态系统，防止"城市热岛效应"的发生。植物能够净化空气，比如常春藤，尤其是在城区环境中。通过储水功能和根系固定功能，植物还能净化水源与土壤。植物的养护也是可持续设计中需要考虑的重要问题，要考虑到未来养护所需的人力和物力。

从广义上来说，可持续开发就是通过景观设计，让绿色植物带来社会、文化、娱乐、经济、环境、水文与生态（生物多样性）等诸多方面的裨益。公共聚会场所尤为突出：植物能营造舒适轻松的氛围，能增加房产的经济价值，过滤粉尘，消减噪音，改善城区环境（不再只是单调的混凝土），固着二氧化碳，生成氧气，凸显环境的文化和历史价值，储存过量雨水，并为本地动植物营造栖息地。

净化空气

现在针对植物的净化功能有了越来越多的研究。有些植物能够净化受到污染的土壤（比如刺槐），有些能够净化空气。就净化空气的功能来说，根据植物所能过滤的杂质类型，又有所不同。有些植物能过滤PM10（比如云杉、松树和紫衫），有些能过滤氮氧化合物（比如刺槐、木兰和李树）。

可以测算出植物能够捕捉并吸收的空气污染物的量，但是，使用绿色植物的有效性却要取决于很多因素。不仅要考虑植物本身的特点（如植物的品种、形态和体量），还要考虑项目的地理位置、该地区是否有某种植物、土壤条件以及气象等因素。

生物多样性

景观类型的多样性（如屋顶花园、绿色外立面、公园绿化、街道绿化等）以及植被种类的多样性都有助于丰富环境的生物多样性。设计中，多样性达到了何种程度，这应该是设计师感兴趣的。

"花卉日历"

要想创作出好的植栽设计，"花卉日历"不失为一种好办法。用花卉来标记一年四季不同时段的环境特色，还能提升植物的观赏价值。此外，可以搭配一些常绿植物作为背景植被，比如草坪，营造冬日美景，让设计更丰富。

色彩

在我们的设计作品中，植物色彩往往起到至关重要的作用。色彩是我们可以选择的一种工具，能让环境的特色更加鲜明。可以选用一种主色调，突出景观环境的形象。比如说，白色色调的景观氛围就与黑色或玫瑰色大不相同。在英国古老的传统园林中，色彩一直是惯用的手法。

白色花园。景观设计：路兹＆范弗利特设计工作室；合作设计：植物专家杰奎琳·凡德克洛特（Jacqueline van der Kloet）、范莫利克建筑事务所

上海吴淞黑色花园。景观设计：路兹＆范弗利特设计工作室；合作设计：尼克·路泽恩景观事务所（Niek Roozen）

荷兰哈勒姆的私人花园，采用多种多年生植物和鳞茎类植物。景观设计：路兹＆范弗利特设计工作室

植物搭配

可以利用植物来区分各个空间，或者用植物来营造宽敞、宁静、舒适的休闲空间。可以采用小型花池，当中栽种不同的植物，让环境更具特色。在过去的几十年中，多年生植物在欧洲景观设计中得到了广泛应用。20世纪70年代，多年生植物常常根据品种分组栽种，一组不少于7株，重复多组，营造静谧的氛围。近年来，多年生植物更多的是与其他植物搭配使用，比如可以用三种植物搭配，生长速度要相当，构成一个植栽组，与其他植栽组交替布置。

鳞茎类植物、草本植物、一年生植物

近年来，草本植物常常以草坪的形式应用于景观设计。草坪冬季能够保有完好的形态，营造安静的背景环境，保证设计观赏价值的持久性。草坪跟多年生植物一样，春季修剪，剪后一个月就能长成原样。我们在荷兰卡特韦克的多普斯维德公园（Dorpsweide）设计中就采用了观赏性草坪作为背景环境。在此基础上，设置了一系列圆形种植区，栽种了各种多年生植物，夏季开蓝花，秋季开红花。草坪让公园景观更贴近大自然，圆形种植区里设置了座椅，让环境更加独一无二。欧洲还有很多应用鳞茎类植物和一年生植物与多年生植物相搭配的实例。鳞茎类植物能营造完美的春季景色，而一年生植物整个夏天一直繁花似锦。

文中照片由路兹＆范弗利特设计工作室提供

玛汀·范弗利特

玛汀·范弗利特（Martine van Vliet），荷兰景观设计师、城市规划师，路兹＆范弗利特设计工作室联合创始人。范弗利特女士1995年毕业于劳伦斯坦农业大学（IAHL），1995年至2001年在阿姆斯特丹建筑学院学习城市规划，并通过了城市规划和景观设计两项国家考试。2001年至2009年，范弗利特与路兹在B+B事务所共事，均任主管，并于2009年联手创立了路兹＆范弗利特设计工作室。2013年在沈阳新成立的NRLvV设计事务所，范弗利特也是联合创办人。范弗利特在城市规划、景观设计和公共空间等领域均有涉猎，设计规模不一。她的设计总是将特定环境及其特色作为出发点，运用创新的设计手法打造特色鲜明的、持久性的设计，注重细节的处理。植被在她的设计中也是一个重要部分。

何塞·阿尔米尼亚纳

何塞·阿尔米尼亚纳（José M. Almiñana），美国景观设计师协会理事（FASLA），生于委内瑞拉，1983年加入美国Andropogon景观设计公司（Andropogon Associates Ltd.），自1995年以来一直担任公司主管。阿尔米尼亚纳既是景观设计师，同时也是建筑师，一贯注重设计中的协同合作，致力于用最少的资源达到最好的效果。阿尔米尼亚纳主持了Andropogon公司的许多大型开发项目，打造因地制宜的设计方案，尊重周围的生态环境，采用创新的可持续设计技术。阿尔米尼亚纳指导了多种类型的设计与规划项目，从市区公园重建和企业园区设计，到多功能新社区的规划，不一而足。不论项目的规模如何，阿尔米尼亚纳都会将当地的核心资源应用于设计中，兼顾功能、美观与环境。

从无到有：构建新的植物群落

——访美国景观设计师协会理事何塞·阿尔米尼亚纳

景观实录：您为何做一名景观设计师？您是否喜欢这个职业？

阿尔米尼亚纳：当初我觉得学习景观设计会让我成为更好的建筑师。我希望在为建筑选址之前能更好地理解土地，包括其生物系统和非生物系统。我想要探索建筑与环境的深层关系。但我发现自己深深爱上了这个设计领域，学习之后就一直从事景观设计了。

景观实录：接到设计委托后，您如何形成关于植栽设计的思路？

阿尔米尼亚纳：植栽设计最重要的一点是要理解项目所在地的特点，也就是当地的独特之处。大自然已经针对当地的情况演化出了适合的对策，造就了一套独特的生态系统。每个地方，大自然都展现出它独一无二的适应性，值得我们去学习，这样才能设计出适当的植物群落，未来才能繁茂生长，进而回馈当地生态系统。

景观实录：当地气候会如何影响您对植物品种的选择？其他的用地条件又有何影响？

阿尔米尼亚纳：当地气候和用地条件是植物群落选择的关键，对每个项目来说，都是了解项目用地、进行用地分析的一部分。

景观实录：在植物的选择上您是否有偏好？为什么？

阿尔米尼亚纳：我们偏好使用当地原生植物。原生植物已经经过进化，适应了当地特有的环境条件。每个地方，在植物和动物之间已经形成稳定的相互依赖的关系。原生植物有助于生物多样性，而生物多样性是让景观环境回馈当地生态系统的关键，比如传粉、缓和污染、清洁水源、养分循环和碳固定等功能。

景观实录：菲普斯可持续景观中心的用地从前是一块棕地。这是否会让植物的选择与一般用地有所不同？您的设计团队为此做了哪些努力？

阿尔米尼亚纳：这块棕地上从前没有任何植物，土壤也不具备生长植物的能力。因此，所有一切都需要从外边引进。我们的设计旨在营造出某些类型的栖息地，所以，我们选择了一些植物群落，并且重新搭配了土壤，让植物在全新的环境条件下能最好地生长，新土壤能储水，上面生长的植物能过滤水，以此保证生态系统关键功能的运行。植物群落的选择旨在实现本案"净零耗水"的目标。

景观实录：菲普斯可持续景观中心的植栽设计呈现出极好的视觉效果。您是如何做到的？

阿尔米尼亚纳：各个季节的开花时间以及花期的长短都是我们在植物选择中考虑的因素。一年之中各个时段会有不同的植物成为景观的主角。同样重要的是，这些植物要有利于当地动物群落，为其提供巢穴、食物和花蜜。

景观实录：菲普斯这个项目获得了"可持续景观设计动议"认证，认证要求是否影响了您的设计？

阿尔米尼亚纳：这个项目的设计只有一点受到了"SITES"认证的影响。我们改变了某些植物的选择，因为有些植物不在区域性栖息地范围内。否则的话，我们会按照委托方和设计团队共同的愿望，打造"最绿色"的景观设计。

景观实录：您在植栽设计过程中是否会想象最终竣工后的景观面貌？现实与设计中是否有所不同？

菲普斯可持续景观中心

升，因其在建筑环境的塑造中起到的独特作用而得到认可。

景观实录：您接下来的工作安排如何？目前正在做哪些工作？

阿尔米尼亚纳：Andropogon景观设计公司正在开展"整合研究"，希望将其应用到我们所有的项目中。2012年公司设立了"整合研究部"，这个部门让我们重新审视我们从过去到现在的景观设计作品，目标是为未来的项目汲取经验，与设计界的所有同仁分享我们的心得。

文中照片由 Andropogon 景观设计公司提供

阿尔米尼亚纳：我认为植物的具体栽种位置会在施工中有所改变。空间的体量以及给人的感知也会随着植物最终栽种位置的变化而改变。你还得认识到一点：景观永远是会随着时间变化和生长的，设计时必须考虑到未来的种种演变。

景观实录：在您的设计经历中，委托方是否常常会对植物的选择有特殊要求？

阿尔米尼亚纳：客户通常会知道他们想要什么，景观设计师的任务是去实现——也是去引导——他们的想法。我们应该跟客户以及未来会使用和管理这片土地的人进行沟通，以便在设计过程中把他们的想法打磨得更成熟。

景观实录：在您看来，高校景观设计专业的学生最重要的品质是什么？对新毕业生有何建议？

阿尔米尼亚纳：景观设计专业学生以及刚完成学业的毕业生必须充分理解系统的手法对于环境设计的重要性，并且准备好参与跨学科的设计团队协作。新毕业生应该谦逊好学。

景观实录：在您的职业生涯中，是否遇到过什么挑战？您是如何克　的？

阿尔米尼亚纳：一大挑战就是没有充分理解景观设计师的价值所在以及他有哪些责任。景观设计师必须认识到，我们所做的工作会产生巨大的影响。很长一段时间以来，我们没有机会去阐释我们的系统设计手法。其实，在当今的可持续设计趋势流行之前，我们就一直在推广"设计结合自然"。我们一直在坚持这项工作，我们也看到设计界越来越靠近我们这种设计方法。

景观实录：如果请您推荐一本景观设计类图书，您会推荐哪本？为什么？

阿尔米尼亚纳：伊恩·麦克哈格（Ian McHarg）的《设计结合自然》（Design with Nature）。这本书是理解生态规划与设计中的系统设计手法的基础。

景观实录：什么能让您对景观设计的未来感到振奋？

阿尔米尼亚纳：景观设计师现在主导着大型的跨学科设计团队，景观设计在设计领域的地位也在提

菲普斯可持续景观中心

校园植栽设计之功能与美学

——访澳洲景观设计师杰里米·费里尔

杰里米·费里尔

杰里米·费里尔（Jeremy Ferrier），澳大利亚资深景观设计师，拥有超过26年的从业经验。在过去的25年中，费里尔一直担任杰里米·费里尔景观事务所（Jeremy Ferrier Landscape Architects Pty Ltd.）负责人，经手过景观设计领域里几乎所有类型的项目，对设计、图纸文案、合同管理等工作都亲力亲为。费里尔杰出的设计才能在他过硬的设计团队的支持得以更好地展现出来，多年来创作了大量优秀作品，获奖无数。他设计的项目在国内和国际的景观设计类图书上均有发表。他的作品还经常登上《澳大利亚景观》杂志（Landscape Australia）——澳大利亚景观设计师协会（AILA）的官方期刊。

学历背景/专业资质：
·昆士兰大学（University of Queensland）文科学士
·昆士兰科技大学（QUT）景观设计专业硕士研究生
澳大利亚景观设计师协会注册景观设计师

景观实录：气候和地形对植物的选择和布置有何影响？这些因素是否影响了您在澳大利亚圣公会教堂文法学校的植栽设计？

费里尔：气候对于植物的选择显然是个重要的考虑因素。圣公会教堂文法学校（Anglican Church 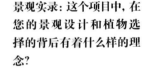 Grammar School）地处亚热带地区，夏季湿热。所以，首先要选择能够适应湿热环境的植物。但是，除了夏季之外，一年之中还有其他重要的时段，尤其是冬季和春季，当地有小雨落下，所以，选用的植物还必须能适应微量的降雨。

景观实录：这个项目中，在您的景观设计和植物选择的背后有着什么样的理念？

费里尔：我对这个项目的设计理念是打造尊重该校传统文化和历史文脉的景观环境。校园环境对于植物来说是难于生长的，常常疏于养护，因此，我们在植物选择上的首要考虑是选择那些粗放的、生命力顽强的品种。

景观实录：您接到植栽设计类项目后，如何着手设计？设计之前是否会做实地调查？设计过程又是怎样的？

费里尔：植栽设计一般来说总是先有个总体概念：需要什么类型的植栽？用在何处？在选择具体的植物品种之前，我一般会先确认哪种类型的植栽最适

圣公会教堂文法学校马格纳斯四合院

圣公会教堂文法学校马格纳斯四合院

合我的设计。比如说，我是否需要树冠较大的树木、笔直的柱状树木、观赏性的开花树木、大面积的地表植物或者低矮的灌木等。

景观实录：您是如何根据植物的独特结构和生态特征来进行植物分组、区分层次以及搭配的？

费里尔：植物是根据想要营造的效果来进行分组的。比如说，我们在学校入口花园里设置了庄严肃穆的花坛，植物的布局考虑到几何构造的平衡，入口大门两边种植的宝瓶树形成"四重奏"的格局。

景观实录：像您这样选用如此与众不同的植物品种要注意哪些方面？

费里尔：对我来说，叶片的质地纹理是植栽设计中最重要的方面。设计得当的话，不同质感的叶片一年四季都能让你的植栽设计方案大放异彩。从叶片质地的细微差别能够区分不同品种的植物，同时又不影响整体景观的和谐效果。在此基础上，可以利用几抹色彩，营造景观亮点。

景观实录：在设计理念的开发和实施过程中，您面临着什么样的困难？

费里尔：这个项目主要的困难在于设计中要特别注意，是什么让校内这个四合院深受当地人喜爱？我们要确保其核心价值不在学校的现代化开发过程中丧失。

景观实录：植物在景观设计中有着什么样的功能？

费里尔：植物在景观环境中通常有着功能性价值。植物能够营造阴凉的环境，遮挡不想要的景象，稳固并覆盖裸露的地面，为野生动物提供栖息地，并对雨水径流进行过滤和清洁。从美学价值上讲，植物能够提升人们的户外环境体验，不论是色彩、质感、形态还是气味，从感官上都有益于人的心理健康。

景观实录：在您的设计中，"硬景观"设计是从植栽设计中演化而来吗？或者相反？抑或两者同时进入脑海？

费里尔：景观环境的整体结构设计几乎总是会先于任何对植栽的考虑。

景观实录：学校是否会对植物的布置有特殊要求？您是如何根据学校的功能特点来选择植物的？

费里尔：学校中的学生有可能会踩踏植物，我们要选择那些被踩踏后能迅速复原的品种。避免使用叶片容易受伤的植物。如果是小学的话，有毒的植物也应避免使用。

景观实录：校园中植物的养护有何特别之处？

费里尔：校园中选用的应该是需要最少养护的品种，因为，一般来说，学校里没有足够的园丁去照料娇贵的植物。聚丛植物和草坪尤其常用，可以降低养护需求，因为基本上无需修剪。

景观实录：竣工后的效果与设计方案相比较，是否有较大差距？施工中是否发生了重大改变？

费里尔：就这个项目来说，竣工后的效果与设计几乎一模一样。充足的预算、精确的图纸资料以及优良的施工技术，确保了施工过程中几乎没有出现什么异于设计的地方。

文中照片由杰里米·费里尔景观事务所提供

罗伯特·道尔

罗伯特·道尔（Robert Doyle），美国史密斯建筑事务所（SmithGroup JJR）主管，资深景观设计师。在27年的职业生涯中，道尔的设计涉猎了项目规划与开发的各个领域，作为项目经理和景观设计师，经手过政府机构及私人业主的各类项目，负责管理和设计的项目类型包括：公园游乐场所、园区规划与重建、社区规划与城区设计、棕地开发以及滨水区设计等。知识面广，技术过硬，再加上出色的团队组织才能，让道尔能够对大型多功能项目从初期规划到最后施工都游刃有余地全程掌控。

建设生态栖地，城市走近自然

——访美国史密斯建筑事务所景观设计师罗伯特·道尔

景观实录：您是如何涉足景观设计领域的？

道尔：我喜欢呆在户外，喜欢密歇根的森林，渴望为所有人改善户外环境。

景观实录：米利肯州立公园与港口的用地从前是一块棕地，特殊的用地条件是否对植物的选择有所影响？

道尔：米利肯州立公园与港口位于密歇根州，我们选用的都是密歇根州的原生植物，而且比较能够适应严酷的环境条件。用地上铺设了从别处运来的充足的表层新土，能够确保植物初期的良好生长。

景观实录：您是如何确立植栽设计出发点的？确定设计要求的过程中最重要的环节是什么？

道尔：这片湿地的设计出发点是：如果这块土地当初没有用作工业开发的话，这里本该是一片自然栖息地，我们的设计就是要重建这片本应存在的栖息地。另外，由于这座公园地处城区滨水环境，设计需要考虑如何让游人去体验并了解原生湿地环境。最后，设计旨在收集来自附近开发用地的雨水径流，在雨水汇入底特律河（Detroit River）之前先进行处理。在湿地与原生栖息地的建立中，确定植物最初几年有哪些养护需求是最重要的环节之一，以便确保植物群落的健康，限制入侵植物的生长。

景观实录：根据您的经验，客户提设计要求时最常犯的错误是什么？

道尔：我想到几个。首先，如果是城区环境中的项目，需要进行挖掘工作的话，对于处理污染土壤以及城区土地下可能埋藏的其他残骸所需的费用，客户可能没有充分的考虑。第二，客户常常认为使用原生植物就无需进行养护，其实不是这样，尤其是栽种之后的最初几年里。

威廉姆·米利肯州立公园与港口

威廉姆·米利肯州立公园与港口

景观实录：在设计理念的开发和工程施工过程中，您面临的最大挑战是什么？

道尔：棕地给我们带来技术方面的挑战，让设计过程变得更复杂，如果项目是在一片从前未经开发的土地上就没有那么复杂。我们的设计团队中有棕地专家、公园规划专家、当地的规划专家、公园管理者、土木工程师和景观设计师等，各方紧密合作，共同确保了设计的成功。

景观实录：在您的设计中，"硬景观"设计是从植栽设计中演化而来吗？或者相反？抑或两者同时进入脑海？

道尔：设计中这两者要一起考虑，要了解人们会怎样使用你设计的环境、客户的目标以及采取的生态设计方法。

景观实录：竣工后的效果与设计方案相比较，是否有较大差距？施工中是否发生了重大改变？

道尔：这个项目的施工效果与原设计非常相近。施工过程中，地下埋藏的大型残骸需要清理，才能让这座公园按照设计方案来建设，在设计过程中我们不断根据这些未知的情况修改预算。

景观实录：未来的长期养护工作如何规划？您如何预期景观环境的演化发展？

道尔：原生景观由公园的所有者——密歇根自然资源部（MDNR）——负责养护。密歇根自然资源部对原生景观的养护很有经验，并主动承担了植物养护的管理工作，以便确保入侵植物不会淹没原生植物，不会降低栖息地的价值。随着植物逐渐生长成熟，我们预期最能适应用地环境条件的原生植物会

大量生长。我们栽种了一批橡树，形成一小片橡树林地，我们希望这些树木能稳定生长，未来形成完整的树冠。

景观实录：植栽设计能否兼顾美观、自然与功能，同时满足人与环境的需求？

道尔：是的。我们首先要确立一系列的可持续设计目标，包括针对人的使用、设计美感、水的处理、栖息地的建立以及其他相关方面。然后，我们再衡量每个目标对于特定项目的相对重要性，以实现其中的重要目标为基础开展设计。

景观实录：哪些要素让这个项目堪称可持续设计？这些要素是如何呈现给使用者的？

道尔：这个项目最大的可持续目标是为爬行动物、

威廉姆·米利肯州立公园与港口

道尔: 永远保持开阔的眼界、开放的思维! 职业景观设计的作用就像车轮的中心,以其在人、社会、植物、原生栖息地、雨水、艺术和设计等方面的专业知识和经验,推动庞大项目的运行。只要愿意去学习,你就能把你的知识和技巧运用到各种各样精彩、刺激的项目中!

威廉姆·米利肯州立公园与港口
威廉姆·米利肯州立公园与港口(William G. Milliken State Park and Harbor)是美国密歇根州第一座市区州立公园,位于底特律市中心。10年来,史密斯建筑事务所与自然资源部(DNR)开展了紧密合作,共同推进这座公园的规划、设计与建造。米利肯州立公园是东滨河重建开发区的重点工程,将废弃的工业用地改造成公共休闲步道与观景区,其中的临时码头包含52个船坞,此外还有一系列的其他休闲娱乐设施。

低地公园(Lowland Park)是史密斯建筑事务所为本案所做的二期设计,旨在恢复底特律河湿地边缘区棕地的生态景观,在雨水汇入底特律河之前先进行清理,在市中心区打造了唯一的湿地环境。

两栖动物、哺乳动物和鸟类等建立栖息地。调查随访研究显示,我们的设计取得了高度成功,公园内能看得到、听得见各类野生动物,向游客彰显着这座公园的价值。游客能靠近湿地,体验零距离的观赏。另外,还配置了展板,让游客学到更多关于湿地的知识,比如过滤雨水的功能、栖息的物种等。

景观实录: 可否提前与我们分享您即将推出的最新设计?

道尔: 有一个也是公园类项目。我们正在进行密歇根休伦港(Port Huron)滨水栖息地建设项目的施工收尾工作。这是一片狭长的滨水区,长约1300米,既有鱼类栖息地,也有滨水湿地,整体呈现出优美的公园环境。另外,我们在密歇根北部的特拉弗斯城还在为一个公共码头和鱼类栖息地的项目做规划,经由这里,未来人们不用乘船就能到达大特拉弗斯湾(Grand Traverse Bay)的一个重点渔区。

景观实录: 最后,回顾您数十年的职业生涯,您对有意投身景观设计行业的年轻人有何建议?

威廉姆·米利肯州立公园与港口

文中照片由史密斯建筑事务所提供